고등학생이 발로 쓴

전북문화 탐방기

고등학생이 발로 쓴 전북문화 탐방기

발행일	2018년 4월 11일

지은이	손병관, 유태훈, 이경민, 장창영, 채승윤		
펴낸이	손 형 국		
펴낸곳	(주)북랩		
편집인	선일영	편집	오경진, 권혁신, 최예은, 최승현
디자인	이현수, 김민하, 한수희, 김윤주, 허지혜	제작	박기성, 황동현, 구성우, 정성배
마케팅	김회란, 박진관, 유한호		
출판등록	2004. 12. 1(제2012-000051호)		
주소	서울시 금천구 가산디지털 1로 168, 우림라이온스밸리 B동 B113, 114호		
홈페이지	www.book.co.kr		
전화번호	(02)2026-5777	팩스	(02)2026-5747

ISBN	979-11-6299-066-7 03980 (종이책) 979-11-6299-067-4 05980 (전자책)

고 등 학 생 이 발 로 쓴

전북문화 탐방기

손병관·유태훈·이경민·장창영·채승윤 지음

100년 전으로 시간여행을 할 수 있는 군산부터
맛과 품격의 도시 전주까지
전북의 고등학생 4명이 6개월 동안
발로 뛰며 기록한 생생한 전북 지리지

북랩 **book** Lab

전라도 땅을
훑으며

　어느 지역이나 자랑할 만한 맛집이 있고 어디나 손꼽을 만한 명소가 있기 마련이다. 그런 점에서 전라북도는 우리나라 어느 지역에 비교해도 뒤지지 않는 멋진 곳을 가지고 있다고 자부한다. 덕분에 우리 학생들은 가을 내내 토요일 아침마다 모여서 전북 곳곳을 누비면서 숨겨진 우리 산하의 아름다움과 멋스러움을 마음껏 즐기는 호사를 누렸다.

　우리는 유난히도 더웠던 여름을 거쳐 가을, 그리고 겨울에 이르기까지 학생들과 함께 전라북도 지역의 역사·문화 관련 유적지를 탐방하면서 지역을 제대로 이해하고, 지역 문화에 대해 안목을 키우고자 노력하였다. 생소하기 짝이 없는 이 프로그램에 참여한 학생들은 교실이라는 틀을 벗어나 탐방지역을 발로 뛰면서 우리 역사와 문화 현장의 한복판에서 세상을 보는 시야를 한뼘 더 키울 수 있었다.

　이 프로그램은 전라북도 교육청의 〈주민참여제안사업〉의

하나로 의욕적으로 시작했으나 매번 진행이 순탄하지는 않았다. 중간에 참가자들이 대거 바뀌는 바람에 인원을 다시 뽑아야 했던 일이며 예상치 못한 일정으로 늦게 도착하는 일이 허다했고, 빡빡한 일정 때문에 처음 생각한 만큼 깊이 있는 답사를 못한 적도 있었다. 학생들이 앞에서 드러내놓고 서운함을 밝히지는 않았지만 행사를 진행하는 입장에서 보면 어찌 모든 일정이 다 만족했을까 살짝 걱정이 들기도 한다. 전체 탐방일정은 12월에 끝났지만 그걸로 끝이 아니었다. 본격적으로 원고를 써야했기 때문이다.

전문 작가들도 막상 글을 청탁받으면 쓰기가 쉽지 않다. 하물며 학생들이야 더 말해 무엇하랴. 실제로 탐방에 참가했던 몇몇 학생은 여러 사정상 책 쓰기라는 험난한 과정에 끝까지 동참할 수 없었다. 여기 글이 실린 이들은 겨울 방학 내내 자신들의 시간을 글쓰기에 기꺼이 투자했다. 그러므로 여기 실린 글들은 흔히 핑계라는 또 다른 이름으로 등장하는 귀찮음, 괴로움, 세상의 흔한 유혹으로부터 살아남은 흔적이자 학생들이 자기와의 싸움에서 승리한 역사이다.

그 고통을 알기에 나는 학생들이 쓴 글이 그냥 평범한 글로 보이지 않는다. 이 글들이야말로 이제 막 고등학교에 입학한 학생들이 한 학기 동안 자신들이 살며 지내왔던 지역을 발로 뛰며 성장해가는 기록들이기 때문이다. 그렇기에 여기 실린 글은 그들의 고민의 산물이자 생의 환희이자 생생한 삶의 기록이다. 이 글 속에는 우리 시대 평범한 고등학생들의 한숨과 고민, 그리고 자신들만의 눈으로 바라본 우리 지역의 소중한 현장이야기가 깃들어 있다.

지역을 탐방하면서 많은 이들의 도움을 받았다. 바쁜 학사일정에도 시간 날 때마다 학생들과 탐방길에 동참해 주신 신흥고 임희종 교감 선생님, 낯선 학생들을 위해 세상 보는 눈을 열어준 김용택 시인, 기꺼이 학생들을 위해 향토사학자를 자처한 복효근 시인, 최명희의 작품세계와 문화의 힘에 대해 이야기해준 최기우 실장, 그리고 오늘도 곳곳에서 지역 문화를 홍보하기 위해 애쓰고 계실 해설사님들, 그리고 토요일마다 우리를 안전하고 편안하게 목적지까지 인도해 준 강희원 기사님께 감사드린다.

서투르고 어색한 우리의 글을 세상 밖으로 떠나보내며 한편으로 두렵고 설레는 마음이 든다. 하지만 여기 참가한 학생들이 탐방을 참여하면서 느끼고 체험했던 시간이 그들이 살아가는 동안 큰 힘이 될 것이라고 감히 믿는다. 혹시라도 살아가면서 많이 흔들릴 때, 그리고 외롭다고 느낄 때마다 이 글을 보면서 다시 일어날 수 있는 위로와 살아갈 힘을 얻기를 소망한다. 글을 쓴 이도, 글을 읽는 이들도.

2018년 3월
글쓴이를 대표하여 장창영

여행은
사람을 키운다

"모든 여행지는 성인을 위한다."

이 주제로 조금 얘기해보고 넘어가고 싶다.

우리는 고등학생이다. 물론 고등학생은 노느라, 공부하느라 바쁘다.

내 친구만 봐도 아침 6시에 일어나서 학교에 갔다가 학원까지 들리면 11시에 집에 도착한다.

주말에도 항상 학원에 나가고, 쉴 틈이 없다. 이렇게 바쁜 나날을 보내고 나서 쉴 수 있는 날에는 피시방에서 6시간, 7시간씩 게임만 한다.

어른들은 말한다. "그렇게 게임이 좋냐?"

나는 생각한다. "그렇게 좋아하도록 만든 것이 누구인데…"

청소년들에게 '게임'이라는 것은 일상에서 탈출시켜주는 매체이다.

게임을 할 때에는 아무 고민 없이 게임에만 집중할 수 있으니까.

나쁜 것은 아니다. 하지만 세상을 더 폭넓게 보고 자신의 생각을 더 키워나가기 위해서는 게임뿐만이 아닌 진짜 세상을 여행해봐야 한다고 생각한다.

나는 이 역사 문화 탐방을 다니는 내내 의문이 들곤 했다.

'우리를 위한 체험은 어디 있나?'

결론은 아쉽게도 단 한 번도 만나지 못하였다.

17살.

지나가는 낙엽에도 웃음이 터지고, 아무것도 아닌 일에도 피가 끓는 나이이다.

하지만 우리가 가봤던 여행지에서 받은 느낌은 그곳이 청소년들을 위한 공간은 아니라는 느낌이었다.

오늘날 한국에서 살고 있는 학생에게는 몇 가지 특징이 있다. 물론 예외는 존재할 것이다.

특징을 알아보기 위해서 필자가 다니고 있는 고등학교의 점심시간을 살짝 들여다볼까 한다.

학교 수업 12시 25분. 친구들의 배에서는 꼬르륵 소리가 난다.

물론 종이 치자마자 뛰어가면 급식을 빨리 먹을 수 있다는 것은 누군가 말해주지 않아도 우리도 다 알고 있다. 하지만 그런 식으로 빨리 먹다 보면 무질서해질 것을 알기에 배가 고파도 조금 기다렸다가 1시가 가까이 돼서 급식을 먹기 시작한다.

급식을 다 먹고 당연하게도 친구들은 매점으로 향한다.

밥을 먹었으면 후식을 먹어야 하기 때문이다. 하지만 여기서 다시 문제가 생긴다.

매점에서 아이스크림을 먹고 싶어 지갑을 뒤져보면 500원짜리 동전 하나가 없어 먹지 못하는 경우가 발생하기도 하고, 친구들에게 빌려서 사 먹는 친구들도 많다.

그렇게 아이스크림 먹고 나면 공부하러 반에 들어가는 친구들이 있고, 자신의 피를 끓게 할 수 있는 운동을 하는 친구들이 있다(필자는 이 친구들 사이에 끼어 있었다).

그러다 보니 항상 운동장에는 100명이 넘는 학생들이 있었고, 제각각 무엇인가 다른 일을 하곤 했다.

우리는 그 학생들의 점심시간만 봐도 그들의 특징이 무엇인지 잘 알 수 있다.

먼저 학생은 돈이 없다.

다 그런 것은 아니다. 돈이 많은 친구들도 분명 많이 있다.

하지만 대부분의 학생은 용돈을 타서 쓰고, 돈을 벌 수도 있겠지만 시간이 없다.

그래서 항상 밥을 먹고 500원짜리 동전이 없어서 친구들에게 빌린다.

학생은 편히 쉬지 않는다.

밥을 먹고 반에서 공부하는 학생들이 있다. 이 학생들은 물론 공부하는 것이 재미있을 수도 있고, 밖에서 움직이기 싫어하는 친구일 수도 있다. 하지만 이들도 운동을 같이할 때 환하게 웃는 걸 보면 밖에서 노는 것을 싫어하는 친구들은 없지 않나 하는 생각이 든다. 공부하는 친구들도 그저 밖에서 노는 것을 싫어하는 게 아니라 밖에서 놀 수가 없는 게 우리의 현실이다. 우리의 상황은 학생들이 자신의 몸을 편히 쉬게 놓아두지 않는다.

우리는 항상 무엇인가를 먹고 싶어 하고, 활동하고 싶지만 정작 돈이 없다.

학생들이 쉽게 여행을 못 가는 이유는 시간과 돈이 없어서이다.

학생끼리 여행을 갈 때 보통 어디로 가는가?

돈을 모아서 서울의 놀이동산을 가기도 하고, 부산의 해운대에 가기도 하며, 눈이 올 때는 스키장을 많이들 간다.

왜 학생들이 여행할 때에는 부모님에게 돈을 빌리며 눈치를

봐야 하고, 여행코스에는 문학관이나 박물관이 없는 것일까?

정답은 문학관이나 박물관은 지루하고 따분하기 때문이다.

왜 따분하다고 느낄까?

손에 먹을 것을 들고 먹어도 되고, 친구들끼리 얘기하며 웃을 수도 있고, 체험활동을 할 수 있는 곳이라면 절대 따분하다는 생각은 들지 않을 것이다.

하지만 어느 하나라도 할 수 있는 게 없는 것이 분명해서 따분하다고 느낀다.

여기서 분명한 것은 여행할 때에 문학관이나 박물관 등이 코스에 들어가면 여행에서 쓰는 비용이 절반 이상 줄 것이라는 사실이다.

놀이동산 입장료만 해도 5만 원이 넘어간다. 입장료만 해도 상당하다. 보통 안에서 먹는 것과 부가적인 활동을 하면 족히 10만 원은 써야 할 것이다.

하지만 문학관 입장료는 없는 곳이 많다. 제법 비싼 체험비용도 단체 관람객이 체험한다면 낮출 수 있을 것이다.

나는 이러한 것을 유심히 보며 역사 문화 탐방에 다녀왔다.

하지만 아무리 생각해봐도 어느 한 곳도 청소년을 위한 여행지는 없었다.

체험활동을 할 것이 없는 것은 물론, 체험활동 비용도 너무 비쌌고, 학생들이 가기에는 무리인 곳이 대부분이었다.

나는 어른 중심으로 문화가 이루어지는 우리의 현실이 아쉽다.

앞으로 우리나라의 문화콘텐츠가 발전하기 위해서는 필시 청소년들을 위한 문화관광지도 많이 생겨나야 할 것이다. 그날을 꿈꾸어본다.

유태훈

CONTENTS

6. 남원 일원

7. 임실, 정읍 일원

제1장

🎗️

전주 한옥마을

전주 하면
떠오르는 것들

나는 전주에서 태어나서 16년 4개월 동안 전주에서 살아왔다. 사람들은 전주 하면 비빔밥이 맛있고, 한지가 예쁘고, 영화 촬영하기에 좋은 곳이라고 생각한다. 하지만 전주에 사는 사람이라고 해도 전주에 무슨 역사가 있었고, 예전에 전주는 어떤 모습이었는지는 아는 이는 거의 없다.

사람들은 품격의 도시라고 부르는 전주에 대표적인 것이 무엇이 있을까? 다른 지역에 살던 친구들에게 전주 하면 무엇이 떠오르는지 물어봤다. 대부분 전주의 좋은 점은 대부분 알 것으로 생각한다. 그렇다면 전주의 문제점이 무엇인지 살펴보려고 한다.

전주에 즐길 거리가 많지 않은 이유는 무엇일까? 사람들이 전주에 와서 무엇을 하는지 생각해보면 한옥마을에 와서 꼬치 하나 사서 먹고, 천천히 걷다가 또 먹고, 먹고, 먹고. 끝이 난다. 지금까지 전주에만 살아오면서 그것이 제일 문제점이라고 생각해왔는데 이번에 책을 써내려가며 다시금 생각하게 되었다. 확실한 것은 전주 한옥마을만의 특색 있는 문화콘텐츠가 너무나도 부족하다는 것이다. 이것은 관련자들의 노력이 조금 부족하다고 생각될 수 있다. 하지만 처음 오는 사람들이 즐길 거리가 없는 전주에 와서 조금이나마 둘러보고 즐길 수 있는 이야기 거리를 이 책에 조금 담아보려고 한다. 이것은 응급처치와 같은 느낌이지 앞으로 시간이 흘러 성인이 되어 고향 전주에 내려왔을 때는 이런 즐길 거리가 없는 부분이 확실하게 치료되어 '먹거리뿐만 아닌 즐길 거리도 넘치는 한옥마을로 바뀌었으면' 하는 바람이다.

전동성당, 무너진 성,
땅에 솟아난 올리브나무

교목(喬木)

이육사

푸른 하늘에 닿을 듯이
세월에 불타고 우뚝 남아서서
차라리 봄도 꽃피진 말아라
낡은 거미집 휘두르고
끝없는 꿈길에 혼자 설레이는
마음은 아예 뉘우침 아니라
검은 그림자 쓸쓸하면
마침내 호수 속 깊이 거꾸러져
차마 바람도 흔들진 못해라

천주교가 시작한 지점은 예루살렘이고, 예루살렘은 이스라엘의 수도이다. 또한 이스라엘의 국화는 올리브이다. 전주 전동성당은 일제와 관련이 많이 있다. 하지만 관광하러 오신 분들은

고풍스러운 전동성당

알 방법이 없다. 나 또한 할머니께 들어서 알 수 있었던 내용을 이 책에 써보려고 한다.

　이번에는 전주에서 제일 유명한 곳들을 책에 써보려고 한다. 2018년 2월 16일 즐거운 설날에 할아버지 댁을 들렀다가 한옥마을에 갔다. 이미 여러 차례 와본 적이 있지만, 한 번 더 와서 걸어보는 것이 책이 더 잘 써질 것이라고 생각했기 때문이다.

　"한옥마을에 갔는데 전동성당을 못 봤어요."라고 말하는 사람들은 모두 거짓말쟁이이다. 이건 확실하다. 한옥마을 초입에 아주 큰 성당이 하나 있는데, 이 성당이 바로 호남지역에서 제일 오래된 전동성당이다. 전주 한옥마을 초입에 있기 때문에 코스를 짜서 전주를 여행하시는 분들은 처음이나 마지막에 꼭 한 번 들른다. 어쩌면 한옥마을에 벽돌이 있는 게 이상하다고 생각할 수 있는데, 나와 같은 경험을 한 분들은 그런 생각을 할 수 없게 될 것이다. 점심을 먹고 할아버지 댁에서 나와 한옥마을 안쪽으로 향했다. 그때가 대략 12시였는데, 외국인이 한복을 입고 전동성당에서 사진을 찍는 것을 처음 봤다. 정말 신기했고, '정말로 동서양의 조화가 화려하구나.'라고 생각하게 되면서 피식 웃어버렸다. 한옥마을에 벽돌이 있는 것이 모순 같지만 '너무나 동서양의 조화가 너무나도 예쁜 곳이다.'라는 생각이 마구 피어난다. 이런 생각을 할 수 있는 이유는 성당의 모습이 너무 아름다워서일지도 모르겠다.

성당 안쪽으로 들어가면 기도하시는 분들이 있는데, 이분들을 위해 조용히 들어왔다가 나가느라 사진을 찍을 수가 없었다. 조금 걱정스러운 부분은 미사를 드리는 천주교 신자 분들께 피해가 가진 않을까 하는 부분이 있다. 하지만 이 부분은 한 사람, 한 사람의 배려가 해결해 줄 것이라고 믿고, 이제 조금 아쉬운 부분을 말해보겠다.

전동성당은 일본강점기 때에 지어져서 우리의 역사와 아주 밀접한 부분이 있는데, 이러한 역사를 알 방법이 없다는 것이 너무 아쉽다. 심지어 나 또한 할머니께 들었던 이야기가 언뜻 생각이 나서 검색해봤더니 역시 숨겨진 역사가 있었다. 병인박해를 모르는 분들은 없겠지만, 이 병인박해가 있기 전에 3차례의 박해가 이전에 있었는데, 박해의 처음인 1791년 신해박해가 이곳에서 일어났다. 그리고 이들의 순교의 뜻을 기리고자 프랑스의 신부가 부지를 매입해 전동성당을 건립한 것이다.

심지어는 일제강점기에 전주성을 함락했을 때, 성벽에서 나온 돌로 성당을 지었다고 하는데, 이러한 역사를 우리가 모르고 지나간다. 그저 사진 찍고 보고 지나가는 것이 너무 안타깝다.

경기전,
태조 이성계의 초상화를 모신 곳!

가을사랑

도종환

당신을 사랑할 때의 내 마음은
가을 햇살을 사랑할 때와 같습니다.

당신을 사랑하였기 때문에
나의 마음은 바람 부는 저녁 숲이었으나
이제 나는 은은한 억새 하나로 있을 수 있습니다.

당신을 사랑할 때의 내 마음은
눈부시지 않을 갈꽃 한 송이를 편안히 바라볼 때와 같습니다.

당신을 사랑할 수 없었기 때문에
끝없이 무너지는 어둠 속에 있었지만
이제는 조용히 다시 만나게 될 아침을 생각하며
저물 수 있습니다.

지금 당신을 사랑하는 내 마음은
가을 햇살을 사랑하는 잔잔한 넉넉함입니다.

전주 경기전은 가을이 정말 예쁘다. 선선한 바람이 불면 알록달록한 낙엽이 펄럭이며 떨어진다. 사랑하는 사람과 가을에 경기전에 가고 싶다는 생각이 드는 곳이다.

전동성당에서 나온 뒤 한 시쯤에 경기전에 들어가려고 입장료를 냈다. 매표소에서 표를 사는데 전주에 있는 고등학교에 다니는 학생이 혼자서 표를 사니 매표소 안쪽에 선생님께서 이상한 눈빛으로 보시기에 조금 민망했다. 민망한 마음에 후다닥 경기전 안쪽으로 들어갔는데, 중학생 때 이곳으로 현장체험학습을 나왔었던 추억이 새록새록 떠오르면서 입꼬리가 저절로 올라갔다.

전주 경기전 내부

경기전 앞 하마비

　　정말 예쁘죠? 너무 예쁜 나머지 한번 물어보고 싶었다. 앞에 한복 입은 여성분을 보니 한 가지 생각났는데, 내가 이때부터 느낀 것이 하나 있다. '커플이 엄청 많구나.'와 '어떡하면 예쁜 사람이 이렇게 많지?'라는 생각이 들었다. '한복을 입어서 더 예뻐 보이는 것일까?'라는 생각도 들고 여러모로 오길 잘했다는 생각이 들었다. 그래서 흐뭇한 표정을 짓고 가운데의 문 너머로 나아갔다.

　　경기전이 정말 좋은 이유는 걷기 좋은 예쁜 길이 많다는 것이다. 걷고 한 번 더 걸어보고 싶은 길들이 보인다. 비록 내가 갔을 때는 초봄이라 꽃이 안 피어 있었지만, 가을에 간다면 선선한 바람에 흩어지는 단풍잎들이 보여서 정말이지 온종일이라도 걸을 수 있을 것 같다는 생각이 든다. 그리고 경기전 안쪽의 어진 박물관이라는 곳을 가보았다.

　　나도 어진박물관에 처음 들어봤다. 어진이라는 말을 생각을 안 하고 들어가서 보다가 '아~ 왕의 초상화가 있는 곳이구나.'라며 어진이라는 말의 뜻을 이해했다. 태조 이성계를 시작으로 조선 왕들의 초상화가 있는 곳이었는데, 교과서에서 엄지만한 사진으로 보다가 이렇게 큰 초상화를 보니 눈이 휘둥그레졌다.

경기전 어진박물관 내부

　　내가 정말 재미있던 곳은 어진박물관 지하의 역사실이었다. 역사실이라고 하기에 초상화가 만들어진 계기나 이런 한국사 책에 나올법한 글들이 씌어 있을 줄 알았는데, 전주의 역사를 알려주는 곳이었다. 시험 끝나는 날에는 꼭 가서 노는 객사의 풍패지관(豊沛之館)에 대해 관심이 없어서 그런가. 그동안 유심히 본 적이 없었다.

　　하지만 이 역사관에 들렀다가 객사를 가니 풍패지관을 한번 유심히 보게 되는 효과가 생겨서 이곳을 오는 이에게 정말 추천하는 곳이다. 전주에 온다면 꼭 이곳 어진박물관의 역사관에 들렀다가 그 뒤에 역사관에서 본 곳들을 쫓아가는 코스도 좋을 것 같다. 이 뒤에는 한옥마을에 문제점에 대해 말하려고 한다.

　　이 어진박물관에서 나와서 계속 걷다가 생각한 것이 있다. 솔직하게 경기전은 체험할 것이 별로 없다. 걷기 좋고 길이 정말 예쁜 것은 사실이지만, 한옥마을 자체가 체험할 것이 부족하다. 요즘에 유튜브 동영상에 서울 민속촌에서 일어나는 일들이 많이 뜬다. 솔직하게 부럽다. 서울 민속촌과 전주 한옥마을은 다르지만, 한옥을 이용한 체험들도 충분히 만들 수 있다고 생각한다. 이런 동영상들을 보고 있으면 나도 '서울 민속촌에 가보고 싶다.'라는 생각이 너무 많이 든다. 당연하게도 체험을 하면서 웃는 사람들을 보면 나도 가서 웃고 싶다는 생각이 드는 게 사람 마음이니까.

하지만 전주는 한옥의 아름다움을 살리기는커녕 한옥을 죽이고 있다는 느낌이 든다. 그저 상업적인 발전만 계속하다 보니 먹거리만 늘어나고 길거리 음식에 비해 골목길에는 쓰레기통도 없고 체험거리도 없고 설명도 안 해준다. 말로는 전주에 대해 자부심을 느낀다고 하지만 내 느낌엔 점점 전주가 초라해지는 것 같다. 앞으로 전주 한옥마을에 먹거리만 더 늘어난다면 단언컨대 분명히 한옥마을에 오는 사람이 줄어들 것이다. 나는 한옥마을에 먹으러만 가고 싶지 않다. 전주 사람들도 한옥마을에 잘 안 가는 것도 사실이다. 두 번 가서 할 것이 없으니까. 참 가슴 아픈 현실인 것 같다.

전주의 명물,
한옥마을

베고니아

김용택

아파트 창틀을 넘어온 햇살이 좋았다.
햇살이 찾아오면 먼지들이 피어났다.
나 없이도 지들끼리
잘 놀다 가는 작은 뒷방,
베고니아를 키웠다. 새벽에 일어나
시를 쓰고, 쓴 시를 고쳐놓고 나갔다 와서
다시 고치고

베고니아, 아무도 못 본
그 외로움에
나는 물을 주었다.

김용택 시인은 주변 사물을 관찰하는 능력이 굉장히 뛰어난 것 같다. 주변에 있을수록 잘 보이지 않는 우리와는 조금 다르다고 생각된다. 우리도 이런 시인을 따라 주변을 소중히 했으면 한다.

낮 12시에 기분 좋게 한옥마을로 향했다. 지금까지 역사 문화 탐방을 다녀오면서 매주 토요일마다 10시에 다른 지역으로 이동하던 날들과는 다르게 오늘은 좀 더 많이 잘 수 있었다. 교수님이 점심을 사주신다고 하셔서 콧노래를 부르며 한옥마을 근처에 버스를 타고 도착했는데 전주에 살면서도 음식점을 못 찾아서 좁은 전주 바닥에서 길을 헤맨 셈이 되었다.

처음 보는 낯선 골목길이지만, 이 길에서 나는 약속 시각에 늦은 것도 모른 채로 신비한 경험을 했다. 드라마에서만 보아왔던 그런 시간이 멈춘 듯한 길을 천천히 뚜벅뚜벅 걷다 보니 정겨운 두부 냄새와 고소한 참기름 냄새를 맡게 되었는데 무엇인가. 나까지 시간이 느리게 흘러가는 듯한 느낌을 받았다. 이렇게 점심 약속 시각에 늦어버렸지만 특별한 체험을 할 수 있었던 탓에 가끔은 모르는 길을 가고 싶다는 생각을 하였다. 한옥마을에서 점심을 먹은 후에 동학혁명기념관으로 향하던 도중 엄청 큰 은행나무를 교수님이 함께 보자고 하셔서 걷던 발걸음을 멈춰 섰다.

한 해에 천만 명이 넘게 찾는 전주 한옥마을

사실 지금까지 이렇게 큰 은행나무가 한옥마을에 존재한다
는 사실을 모르고 있었다. 길은 여러 차례 봐왔던 길이지만 은
행나무를 유심히 본 적은 없다. 심지어 옆에는 친절하게 설명이
쓰여 있었는데도 말이다.

무려 600년을 살아온 은행나무로 보호수라는 이름도 갖고
있었다. 나는 은행나무가 600년을 살 수 있는지도 처음 알게 되
었고 한옥마을에 이런 600년 된 은행나무가 있었다는 것도 놀
라웠다. 하지만 무엇보다 놀랐던 것은 지금까지 한 번도 이 보
호수를 유심히 본 적이 없다는 사실이다. 길은 매일 지나다녀도
알지 못하면 바로 옆에 있어도 보지 못한다. 곁에 있을수록 소
중함을 느끼기 어렵다는 말이 새삼 와 닿는다.

보호수 밑에서 심호흡을 5번 하면 양기를 얻을 수 있다고 하
길래, 안 해볼 수가 없었다. 심호흡을 5번 하고 나서 욕심부려서
10번까지 했는데, 심호흡을 하고 난 뒤에 효과는 개인적으로 나
중에 답변해 드리려고 한다. 한 차례 더 심호흡을 하고 동학혁
명기념관으로 향했다.

보호수
(保護樹)

고유번호 : 9 - 1

- 수 종 : 은행나무
- 수 령 : 600년
- 수 고 : 16m
- 지정일자 : 1982. 09. 20
- 나무둘레 : 4.8m
- 관리자 : 전주최씨중랑장공파종회
- 소재지 : 전주시 완산구 풍남동 3가 36-2번지

■ 유래
고려 우왕9년(서기1383년)에 월당(호) 최담선생이
벼슬을 버리시고 이 곳으로 낙향한 후 정사를 창건하
시고 은행나무를 식재하였는데 나무의 정기(정력)가
강하여 600년 나이에도 2005년부터 나무밑동에 새
끼나무가 자라는 길조가 나타나면서 나무아래서 심
호흡을 5번하면 나무의 정기(징력)를 받게된다 하여
많은 시민들이 찾는 명소가 되고 있음.

한옥마을의 600살 먹은 은행나무

혁명의 발자취는
전주에도 존재한다
동학혁명기념관

눈 오는 마을

김용택

저녁 눈 오는 마을에 들어서 보았느냐
저녁 하늘에 가득 오는 눈이여
하늘에서 눈이 내리고 가만히 눈발을 헤치고 들여다보면
마을이 조용히 그 눈을 다 맞는
이 세상엔 보이지 않는 것 하나 없다
눈 오는 마을을 보았느냐
다만
눈과 발과 이 세상에 난 길이란 길들이 하늘에서 살다가
이 세상에 온 눈들이 두 눈을 감으며
마을에 들어서며 조용히 끝나고
조심조심 하얀 발을 이 세상 어두운 지붕 위에
내가 걸어온 길도 내릴 뿐이다.
뒤돌아 볼 것 없다 하얗게 눕는다.

이제 아무것도 더는 소용없다 돌아설 수 없는 삶이
길 없이 내 앞에 가만히 놓인다.

이 글에는 김용택 시인의 시가 너무 많이 들어있나 싶을 것이다. 김용택 시인이 기행에서 너무 좋은 말씀을 많이 해주서서 감사해서 넣다 보니 이제는 팬이 되어버린 걸까? 앞으로 팬 해야겠다. 그리고 이 시는 발자취를 나타내는 눈에 발자국을 전하고 싶었다.

한옥마을 곳곳에는 보물이 참 많다. 보물은 대부분 잘 모르는 공간에 은밀하게 숨겨져 있는데 이 보물은 대놓고 있어도 사람들이 값어치를 잘 모르는 것 같다. 문제는 이 보물은 보이기는 하지만 보석이 아니라서 점점 사라질 수도 있고 더욱 가치 있는 보물이 될 수도 있다는 것이다.

하지만 이 동학혁명기념관은 이대로 가다간 곧 사라질 것 같다. 이 동학혁명의 발자취라는 보물이 사람들의 관심을 끌 수 없는 환경에 있어서인데, 홍보는 앞에 팻말 몇 개가 전부이고, 안쪽에서도 교과서나 다른 기념관에서 봐왔던 내용이 계속 이어져 있어서 지루했다.

 보호수와 같이 이 동학혁명기념관도 분명히 한 번쯤은 길을 걷다가 본적이 있는 건물이겠지만, 기억에 없으니 처음 보는 것이라고 느끼는 것이다. 이 보물과 같은 발자취의 가치를 깨닫지 못한 관리자들의 노력이 아쉬울 뿐이었다. 내가 만약 관리한다면 동학혁명의 발자취를 따라가는 여행 같은 프로그램을 만들 수 있을 것 같은데 말이다. 아쉬운 마음으로 다음으로 향하였다.

동학혁명기념관 안내 東學革命紀念館 案內

동학(천도교)은 1860년에 우리나라(경주 용담)에서 창명된 새 종교이다.

"인내천(人乃天), 사람이 곧 한울님이다" 라는 종지로 널리 알려진 동학(천도교)의 교리 사상이

1894년에는 보국안민·제폭구민·광제창생의 기치 아래 동학혁명의 횃불로 타올랐다.

동학혁명은 안으로는 부패한 국정을 쇄신하여 새로운 조선으로 거듭나게 하고,

밖으로는 제국주의 열강의 침탈을 물리쳐 경천애민 홍익인간의 민족정신을 보전하며,

총체적으로는 동학의 후천 세상에의 꿈을 실현하기 위한 아래로부터의 혁명이요, 개벽운동이었다.

1892~1893년의 척왜양창의운동, 1894년 전반기의 고부봉기와 1차 기포, 중반기의 전주성 점령과 집강소 설치,

하반기의 2차 기포로 전개 발전되어 가던 동학혁명은 구체제의 반격과 외세의 개입으로 일시 좌절되었다.

그러나 동학은 '천도교' 라는 근대종교 체제로 재정비하면서, 동학의 사상과 조직을 계승하여 문명개화 혁신운동을 전개하였다.

1919년에는 3·1독립운동을 주도하여 대한민국 건국의 초석을 마련하였으며, 그 이후 어린이운동, 신문화운동, 민족통일운동 등을 통해

인권과 생명·평화, 다시 개벽의 새 세계 전망을 이 세상에 화두로 제시하고 있다.

이 기념관은 동학혁명 100주년에 즈음하여, 동학혁명군의 전주성 점령을 기념하며 천도교인들의 성금과 정부 지원금으로 건립되었으며,

동학혁명을 비롯한 동학 천도교 관련 사진과 자료를 전시하면서 동학의 역사와 정신, 그리고 그 꿈과 비전을 현창하기 위해 노력하고 있다.

동학혁명기념관 안내 표지판

전주의 자랑스러운 작가를 보다
최명희 문학관

"그 온몸에서 눈물이 차오른다."

이 글귀는 혼불의 마지막 문장이다. 혼불은 전주의 대표적 작가 최명희의 소설인데, 현재는 못 읽고 있지만 언젠가 꼭 읽어 보리라 생각하고 있다.

나는 고등학생이 되기까지 『혼불』이라는 책 이름은 들어봤어도 최명희 작가라는 이름은 못 들어보았다. 그런데 이 『혼불』을 쓴 최명희 작가의 문학관이 전주에, 그것도 한옥마을에 있다는 것에 조금 놀라기도 하고 분하기도 하였다. 최명희 문학관은 찾기 힘든 외진 곳에 있다. 그래서 내가 한 번도 본 적이 없었던 것 같다. 일단 이 최명희 작가가 자신의 생명과 맞바꿨다고 생각되는 원고지의 높이를 보면 정말 감탄이 나온다.

원고지의 높이를 보면 "어쩌면 이리도 많지?"라는 생각이 들고 혼불을 읽은 사람들의 반응을 살펴보면 '어쩌면 이리도 많은

최명희 문학관의 최기우 실장과 대담 중

저절로 발길이 머무는 최명희 문학관

데 정교할 수가 있지?'라는 생각이 든다. 이 혼불 문학관에서 추억이 기억에 남는데 이유는 역시 체험을 할 수 있었던 것 때문인 것 같다. 우리가 원하는 것은 사소하더라도 체험을 할 수 있었으면 좋겠다는 것이다.

이곳에서는 최명희 작가의 필체를 따라 할 수 있는 체험이 준비되어 있는데, 정말 한켠에 조그마하게 준비되어 있다. 하지만 우리가 즐기고 웃고 기억에 남기기에는 충분하다. 혼불을 읽어보지는 않았지만, 줄거리나 요약본을 보며 즐거움을 느꼈다. 그리고 이곳의 기획실장을 맡고 있는 최기우 작가와 대화도 나누었다.

최기우 작가와의 만남 시간은 우리가 왜 문학을 해야 하며 우리 문화 속에서 가지는 문학의 힘에 대해 다시 한번 생각해볼 수 있는 좋은 기회였다. 우리의 것을 알리는데 정말 힘쓰시는 분이시고, 너무나도 친절하셔서 기억에 남는다. 말씀 도중에 지역주민과 함께 할 수 있는 최명희 문학관의 역할에 대해 고민하는 흔적을 엿볼 수 있었다. 내게 최명희 문학관은 전주 문화의 힘과 생각해볼 거리가 많은 곳이었다. 관광객이 가장 많이 찾는 3대 문학관에 그냥 꼽힌 게 아니라는 생각이 든다. 만약 전주 한옥마을에 온다면 한번 들러보는 것을 강력히 추천한다.

심청전을 파보자!
완판본 심청전

안개꽃

복효근

꽃이라면
안개꽃이고 싶다

장미의 한복판에
부서지는 햇빛이기보다는
그 아름다움을 거드는
안개이고 싶다

나로 하여
네가 아름다울 수 있다면
네 몫의 축복 뒤에서
나는 안개처럼 스러지는
다만 너의 배경이어도 좋다

마침내 너로 하여
나조차 향기로울 수 있다면
어쩌다 한 끈으로 묶여
시드는 목숨을 그렇게
너에게 조금은 빚지고 싶다.

이 시를 읽으면 아름다운 주연에 대해 생각하게 되는 것 같다. 이 완판본을 만든 분들이 없었으면 지금의 책도 지식도 없었을 것 같아서 복효근 시인의 안개꽃을 넣어봤다.

우리가 마지막으로 향한 곳은 완판본 문화관이다. 이곳에서는 완판본을 볼 수 있는데, 솔직히 정말 지루했다. 설명이 없다. 체험 활동할 것도 없고, 갔다 오고 나서 집에서 여기를 가서 뭘 했지? 자꾸 생각이 안 나는 곳이었다. 사전조사를 하고 갔으면 달랐겠지 싶었지만, 사전조사를 안 하고 간 사람도 볼 수 있는 곳이 문화관이어야 한다는 생각이 들었던 곳이다. 보는 내내 너무 아쉬웠다.

전주 완판본 문화관

우리는 완판본 문화관까지 보고 나서 향교길을 걷던 중 옆에 '도장 만들기'라는 체험을 할 수 있는 곳에 들어갔다. 처음에는 디지털 시대에 '도장이 왜 필요해' 하면서 투덜대며 들어갔다.

하지만 도장을 정신없이 만들다 보니 뭔가 뿌듯한 느낌과 '너무 좋다.'라는 생각이 자꾸만 들었다. 내 손으로 직접 도장을 파다 보니 아까 다녀온 완판본 문화관에 소장된 목판본을 새겼던 장인의 느낌을 조금이나마 맛볼 수 있었다.

한 글자 한 글자에 힘을 실어서

나는 앞으로 이 도장을 찍거나 향교 근처를 지날 때마다 도장을 파던 그 날을 떠올릴 것이다. 보통 그냥 체험해서는 이런 느낌까지는 안 들겠지만 내 이름이 새겨진 도장을 바라보며 뿌듯해할 수 있으니 너무나도 좋은 체험인 것 같다. 요즘이야 사인으로 하는 세상이니 도장이 필요 없더라도 한 번씩 해보면 재미있는 추억이 될 것 같다.

처음 뵙습니다
전라북도관광기념품
100선 판매관 씨!

전라북도 관광기념품 100선 판매관

김동률의 '출발' 일부분

아주 멀리까지 가 보고 싶어
그곳에선 누구를 만날 수가 있을지
아주 높이까지 오르고 싶어
얼마나 더 먼 곳을 바라볼 수 있을지

작은 물병 하나, 먼지 낀 카메라,
때 묻은 지도 가방 안에 넣고서

언덕을 넘어 숲길을 헤치고
가벼운 발걸음 닿는 대로
끝없이 이어진 길을 천천히 걸어가네

내가 좋아하는 노래 중 하나이다. 새로움이란 두렵기도 설레기도 한 단어이다. 이 전북 관광기념품 100선 판매관은 한옥마을에 새로이 지어진 곳인데, 이렇게 새로이 필요한 것을 하나하나 지으며 우리 지역의 관광지가 좀 더 발전했으면 좋겠다는 마음으로 이 노래를 적어 보았다.

이곳은 교수님과 역사 문화 탐방을 왔을 때만 해도 없었던 곳인데, 이번에 생겼다기에 한번 가보았다. 전부터 생각을 하던 것이 전주는 한지나 비빔밥이 유명한데, 비빔밥을 기념품으로 들고 갈 수는 없으니 근사한 기념품 판매점이 생겼으면 좋겠다라고 생각하고 있었는데 때마침 생겼다. 어찌 그리도 내 마음을 알고,

정감이 넘치는 한옥마을 골목길

매장 안쪽에는 우리 눈을 사로잡는 장인이 만든 액세서리나 유기농 식품, 도자기를 비롯하여 한지 등 여러 종류의 기념품이 있다. 구경을 하다가 운이 좋으면 야생차를 맛볼 수도 있다. 이곳의 상품 모두 수공예로 장인정신이 깃든 상품이기 때문에 명품보다 더 가치 있게 느껴진다.

가격대도 천 원부터 십만 원까지 부담이 없었고, 전북의 다양한 문화를 한자리에서 집약해서 보는 느낌이 들었다. 지금까지는 아이쇼핑을 해본 적이 없는데, 이곳에서는 한참을 서성거리며 여러 상품들을 보게 되었다. 아직 처음이라서 좁기도 했지만, 앞으로 많은 발전이 있어 보여서 또 한번 전주에 대해 자부심을 느꼈다.

이렇게 기념품들을 보고 나서 전주 사람의 한옥마을 탐방을 마칠까 했는데, 이쯤 즐겼으면 시간이 많이 지나있으니 바로 근처의 남부시장 야시장도 가봐야 좋을 것 같아서 남부시장까지 소개하겠다.

전라북도 관광기념품 100선 판매관

밤에 가야 제대로 즐기지!
낮져밤이(낮은 지고 밤은 이긴다) 남부시장

별

이병기

바람이 서늘도 하여 뜰앞에 나섰더니
서산 머리에 하늘은 구름을 벗어나고
산뜻한 초사흘달이 별과 함께 나오더라

달은 넘어가고 별만 서로 반짝인다
저 별은 뉘 별이며 내 별 또한 어느 게요
잠자코 호올로 서서 별을 헤어 보노라

남부시장의 꽃은 야시장이다. 낮에는 전날 술을 드신 분들이 해장하시러 오거나, 밥을 먹으러 오지만 밤이 되면 사람이 하나, 둘 불어나기 시작하면서 활기가 돈다.

남부시장의 야시장은 누나랑 같이 가곤 했다. 남부시장은 여느 시장과 별다를 것이 없지만, 금요일과 토요일 저녁만 되면 사람이 점점 많아진다. 길 가운데에 움직이는 음식점이 생기고, 노래가 나오면 둠칫둠칫 흥에 겨워서 발이 저절로 움직이게 된다. 정말 재밌는 것은 한 번도 먹어보지 못한 음식들을 즐길 수 있다는 점이다. 예로 꽃게 튀김을 먹다가 베트남 쌀국수를 먹고 싶을 때는 음식 하나 먹으려고 음식점까지 가기 귀찮지만, 여기 남부시장의 야시장에는 이들 음식점이 모두 공존한다. 먹고 싶으면 몇 걸음 가서 사 먹으면 된다.

　길거리 음식의 장점과 시장의 장점이 합쳐져서 정말 좋은 추억이 되는 이유를 알려주자면 일단 길거리 음식은 먹으면서 돌아다닐 수 있다. 또 휴대하기 쉽고 먹는 속도가 빨라서 다른 먹거리를 먹을 수가 있다. 재래시장의 장점은 정이 많다. 떡 하나 더 준다는 말은 미운 놈한테 쓰는 것이 아니라 전통시장에서 쓰는 말 같다. 이 두 장점이 합쳐져서 나온 게 길거리 음식이라서 그런지 보기만 해도 푸짐하다.

　내게는 맛있는 추억이 많이 남는 곳이다. 얼마 전에는 TV 프로그램에서 낙지호롱을 먹는 것을 보여줬는데, 어찌나 맛있어 보이던지 누나와 남부시장에 바로 가서 사먹고 싶었지만 우리는 남부시장의 문제점을 너무 잘 알고 있다. 길은 좁은데, 사람이 너무 많다.

사람들로 북적이는 남부시장 야시장

엄청 비좁은데 사람이 많아서 아침과 저녁 출퇴근길의 지하철 같다. 남부시장은 먹을 것도 많고 쓰레기통도 많다. 하지만 길이 너무 좁다는 점이 너무 아쉽다. 사람과 부대끼는 것을 꺼리는 사람은 남부시장에 오기 쉽지가 않다는 것도 이 때문이리라. 앞으로 정이 넘치고 다양한 먹거리를 즐길 수 있는 남부시장이 한층 더 발전하려면 좀 더 길을 넓히는 것도 필요하리라.

이렇게 간단하게나마 전주의 가장 핵심적인 관광 명소들을 소개해 보았다. 내가 전주에서 태어나고 자란 학생으로서 학생을 위한 코스를 짜본다면 다음과 같다.

먼저 한옥마을 가는 길에 한복을 대여하고 전동성당에서 사진을 찍으며 놉니다. 한옥마을 안쪽으로 들어가다 보면 길거리 음식이 정말 많은데 몇 가지 먹으면서 먼저 경기전으로 들어갑니다.

경기전에는 사진 찍을 곳도 많이 있고 볼 것도 많이 있으니 경기전에 들렀다가 나와서 슬슬 거리를 걸어 다니다 보면 슬슬 배가 고파집니다. 배가 고프면 한옥마을 근처에 있는 전주의 명소, 콩나물국밥집에 들어가서 점심을 해결합니다. 배를 꺼뜨리기 위해 향교와 완판본문화관을 거쳐 오목대로 올라갑니다.
한옥마을이 한눈에 내려다보이는 오목대 근처에는 술 박물관도 있지요. 전주까지 와서 특별한 체험을 하고 싶다거나 돈을 조금 아끼고 싶다는 분들은 한옥마을 내에 있는 최명희 문학관과 부채 문화관을 가는 것을 추천드립니다. 조금 노신다면 금방 해가 뉘엿 뉘엿해질 텐데, 그때 남부시장에 가면 야시장이 열려서 먹거리를 많이 즐길 수 있습니다.

개인적으로는 한옥마을의 야경을 추천하고 싶다. 낮에 북적 이던 사람들의 발길이 잦아들 무렵 저녁 어스름이 깔리는 한옥 마을을 걷고 있다 보면 낮과는 다른 느낌의 한옥마을을 만날 것이기 때문이다. 마지막으로 전주의 문제점을 몇 가지만 집고 가려고 한다. 전주는 전통과 품격의 도시라고 어렴풋이 들은 적 이 있다. 나는 이 말에 자꾸 의문점이 든다.

한옥마을에 처음 들어가는 사람은 분명 큰길을 따라갈 것이 다. 하지만 큰길가에는 음식점밖에 없다. 대체 왜 한옥마을인지 모르겠다. 그냥 먹거리 골목 아닌가. 그런데도 쓰레기통 하나 없다. 품격을 지킬 수 없는 환경에서 품격의 전주라고 하면 말 이 너무 모순되지 않나 싶다. 정말 좋은 기억을 남길 수 있는 곳 들은 다들 숨어있고 먹거리만 중요시하는 한옥마을이 나는 참 싫다. 전주에 자부심이 강하던 나도 이것만큼은 창피하다. 나만 의 생각일까? 하고 캠프에 갔다가 만난 중앙대에 다니는 형에게

명호형

명호형

책쓰고있는데 형 혹시 전주하면 머가
떠올라요??

오후 9:56

김명호

전주..

한옥마을 ㅋㅋㅋㅋㅋㅋㅋ

오후 10:19

오후 10:20

오 형 한옥마을 가본적있어요?

김명호

가본적있지 한옥마을 ㅋㅋㅋ

오후 10:28

오후 10:36

형 한옥마을에서 머했어요??

김명호

흠

거기

너무상업위주로

바껴서

볼거리는없고 이제

오후 10:38

김명호

그냥 밥먹고 그랬어

오후 10:39

아 고마워요 형!!

오후 10:40

물어봤다.

이 형 말대로 이제 한옥마을은 너무 상업 위주로 바뀌다 보니 너무나도 볼거리나 체험거리가 부족했다. 실제로 즐길 만한 거리 또한 턱없이 적다는 느낌이 들었다. 이제는 한옥마을이 말로만 대한민국을 대표하는 명소가 아니라 사람들의 추억 속에 오래 남을 수 있기를 바라는 마음이 간절하다.

제 2 장

🐝

삼례, 익산 지역

일제 수탈의 흔적,
삼례예술촌 예술을 품다!

사랑의 물리학

김인육

질량의 크기는 부피와 비례하지 않는다.

제비꽃같이 조그마한 그 계집애가
꽃잎같이 하늘거리는 그 계집애가
지구보다 더 큰 질량으로 나를 끌어당긴다.

순간, 나는
뉴턴의 사과처럼
사정없이 그녀에게로 굴러 떨어졌다
쿵 소리를 내며, 쿵쿵 소리를 내며

심장이
하늘에서 땅까지

아찔한 진자 운동을 계속하였다
첫사랑이었다.

「사랑의 물리학」이라는 시는 첫사랑이 떠올라서 읽는 내내 설레는 마음이 들던 시이다. 나는 탐방을 갈 때마다 첫사랑을 만난 느낌이었다.

학교에서 공짜로 여행을 보내준다고 하기에, 바로 친구들과 신청했다. 그렇게 매주 토요일마다 전북대 장창영 교수님과 함께 역사 문화 탐방을 다녔는데, 그 첫 번째 여행지가 삼례 문화 예술촌이다. 엄청 설레기도 했고 뭔가 걱정스럽기도 한 마음으로 친구들과 교실에서 만났다.

고등학교에서 버스에 올라타 30분 정도 가니 삼례 문화예술 촌이 나왔다. 버스에서 내리자마자 눈앞에 당장 보이는 것은 허름한 건물 몇 동. 그리고 건물 옆에 그림 몇 점만 있었고 의자가 많이 놓여 있기에, 곧 행사를 할 것 같았고 조금 허름하다는 느낌까지 들었다.

전주 한옥마을은 전주의 고등학교에 다니는 학생들에게는 아주 친숙하다. 그만큼 많이 다녀보기도 했고, 그래서 문제점이 무엇인지도 잘 알고 있다. 이 문제점들은 뒤쪽 전주 편에서 말하겠지만, 가장 큰 문제점은 한옥마을은 즐길 수 있는 체험거리가 별로 없다는 것이다. 먹을거리가 체험거리보다 훨씬 높은 비율을 차지하고 있다. 하지만 이렇게 가까이 차로 30분만 이동하면 즐길 거리가 있었다는 것에 한편으론 손해 본 느낌이 나면서 신기하기도 했다.

삼례 문화예술촌은 일제강점기에 양곡 창고와 관사로 수탈의 도구로 쓰이던 가슴 아픈 역사를 가진 곳이었다. 하지만 이곳에 예술이라는 물감을 칠했더니 아픔의 흔적은 찾아볼 수 없는 예술촌으로 변신하였다.

솔직하게 이곳은 학생들끼리 가기에는 조금 꺼려지는 곳이다. 가족끼리 가는 것이 훨씬 좋을 것 같다. 이유는 글을 읽다 보면 알 수 있을 것이다.

안으로 들어가며 느낀 것은 삼례 문화예술촌의 입장료가 매우 싸다는 것이다.

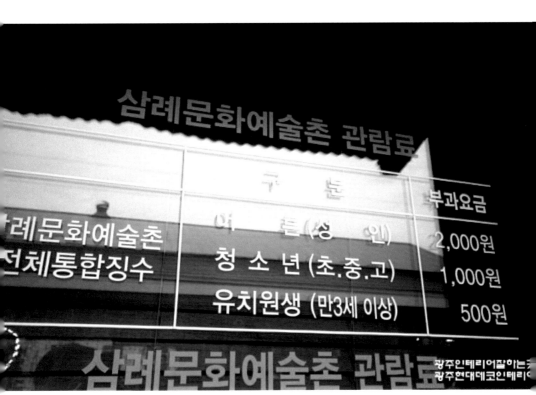

삼례문화예술촌 관람료 안내문

구 분		부과요금
삼례문화예술촌 전체통합징수	어 른(성 인)	2,000원
	청 소 년(초.중.고)	1,000원
	유치원생 (만3세 이상)	500원

버스비만 있다면 언제든지 와서 즐기고 싶을 정도로 싸다. 문제점이 있다면 어떤 체험을 할 수 있는지 모르겠고, 체험활동 비용은 안 적혀 있었고, 책 만들기 체험활동 비용이 2만 원 정도로 가족끼리 부담 없이 놀러 가서 즐기기에는 조금 비싸다는 것이다. 매표소 앞쪽에 입장료와 체험료도 같이 쓰여 있다면 어떤 체험을 할 수 있는지도 사전에 알 수 있을 것 같아서 굉장히 좋을 것 같다.

먼저 우리가 들어간 곳은 책 공방 북 아트센터이다.

이곳은 타자기나 사철기 등 책 만드는 다양한 도구가 전시되어 있으며, 책공방 대표이신 김진섭 선생님께서 설명해주시고 자신만의 공책을 만들 수 있는 체험 프로그램도 운영한다. 공책을 만드는 체험에서도 그저 책을 만들고 끝이 아닌, 선생님께서 종이에 대한 역사와 여러 가지 책에 대한 설명들을 곁들여서 해주신다. 사실 우리는 이곳에 가자마자 책 만드는 체험을 했는데, 바로 책을 만드는 것이 아닌 먼저 책에 역사에 대해 알려주셨다. 물론 어느 정도 알고 있는 부분도 있었지만 설명해 주실 때의 선생님의 눈빛이 마치 빛나는 것처럼 느껴져서 눈을 뗄 수가 없었다.

고등학생이고 어느 정도 선생님이 알려주시는 내용에 대해 지식이 있는 우리도 선생님께 눈을 못 떼고 설명을 들었는데 '어

린아이들이 듣는다면 종이에 대한 흥미를 크게 가질 수 있겠다.'
라는 생각이 들었고, 이렇게 열정적이신 선생님께서 실제로 책
을 만들 때는 친절하시기까지 하셔서 포근한 느낌까지 들었다.

　　이런 좋은 느낌을 많이 받았음에도 불구하고 체험을 한 번
더 하는 건 조금 꺼려진다. 왜냐하면 책 한번 만드는 활동의 비
용이 생각보다 비싸고, 사람들과 대화하면서 웃는 체험이 기억

책공방 김진섭 대표의 다이어리 제작 강의

책공방 북아트센터에서 책을 만들고

에 더 오래 남는데 이 책 만들기 체험은 계속 설명을 듣고 책을 만들다 보니 얘기할 시간이 조금 부족해서 아쉬웠기 때문이다.

이에 대안으로 책 만들기를 한 후에 그 자리에서 자신이 만든 책에 무엇인가 적는 활동을 하면 좋을 것 같다. 예를 들어 한하운 시인의 시나 자기가 좋아하는 필사하는 활동도 좋을 것 같다. 확실한 것은 삼례 문화예술촌에 다녀온 후 지금까지 가장 선명하게 기억할 정도로 그곳이 너무나도 좋은 추억으로 다가왔다는 사실이다.

나는 눈으로만 본 것은 여러 번 반복해서 보지 않는 한은 쉽게 잊힌다고 생각한다. 하지만 내 손으로 직접 만지고 느끼는 체험이라면 쉽게 잊히지 않는다. 누군가 지금까지 역사 문화 탐방을 다녀오면서 가장 기억에 남는 것을 말해보라고 하면 나는 당연하게도 체험활동을 말하겠다.

책 공방을 다녀온 뒤 우리는 디자인 뮤지엄에 갔다. 이곳 안으로 들어가며 가장 먼저 느낀 것은 신비로움이었다. 분명 외관은 오래된 건물인데 안쪽에는 현대적인 제품들이 내 눈앞에 펼쳐져 있었기 때문이다. 이곳에서는 여러 가지 디자인제품들을 볼 수 있다.

처음 보는 제품들도 있었고, 특히 벽에 전시하고 있던 사진이 내 눈길을 사로잡았다. 디자인 뮤지엄 안에는 정말 예쁜 디자인의 제품들이 많아서 디자인 뮤지엄 안을 거닐며 설명도 천천히 읽어보고 사진도 천천히 봤더니 시간이 정말 빨리 갔다. 어린아이들이라면 이런 제품들을 보며 여러 생각을 할 것이다. 하지만 그저 보는 것만은 너무 빨리 잊힐 것이 분명해서 체험을 할 수 있다면 어땠을까?라고 자꾸 되묻게 된다. 나 또한 '이 안의 제품 중에서 사용 못 해본 제품들이 많은데 정말 사용해보고 싶다.'라고 생각하게 돼서 너무 아쉬웠다.

우리는 디자인 뮤지엄에서 나와 우리는 김상림 목공소로 향했다.

김상림 목공소에 들어서는 입구부터 나무판자들이 쌓여있어서 눈길을 끌었다. 안으로 들어서자 보이는 것은 실제로 나무를 가지고 자르고 있던 목수 몇 분과 목수분과 나무에 쓰인 글씨였다.

작업하는 현장을 눈앞에서 보는 일은 매우 흥미로웠다. 나무에 아무런 관심도 없던 나조차도 관심이 갈 정도로 열정적이셔서 신비로운 경험이었다. 이런저런 생각을 안고 안쪽으로 들어갔더니 작업하실 때 직접 쓰셨던 도구들이 전시되어 있었다. 다른 때라면 그저 훑고 지나갔을 테지만 마음이 부풀어서인지 상당히 유심히 보았다. 어느새 도구들을 집중해서 보고 있는 내가 너무 신기했다. 보통 문학관이나 유적지에 가면 큐레이터

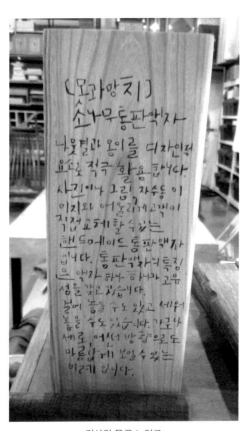

김상림 목공소 입구

분이 흥미를 돋워 주신다. 아니면 사전지식이 있어야만 깊게 관찰할 수 있는데, 이렇게 유심히 관찰하다 보니 '다른 유적지와 같은 곳들도 이런 식으로 앞에서 흥미를 유도해보는 것도 좋을 것 같다.'라는 생각이 들었다.

　마지막으로 책 박물관으로 향했는데 이곳은 어른들이 향수를 느낄 수 있는 곳이다. 들어가며 앞쪽에는 기부된 헌책들과 새 책이 쌓여있고, 안쪽으로 들어가면 우리나라 책의 역사를 알 수 있는 옛날 교과서들이 있는데 나와 친구들이 신기해서 처다보다가 교수님께 자꾸 "이 수학책 교수님도 배우셨어요?" 같은 질문을 했다. 확실한 것은 책 속을 들여다보지 못한 나와 친구들은 금방 흥미가 사라졌는데, 교수님께서는 한참을 생각에 잠기신 듯했다. '나도 이다음에 나이를 먹어서 초등학교 때 배웠던 교과서들을 보면 생각이 날까?'라는 생각을 하며 기분 좋게 다음 장소로 이동했다.

익산 춘포역,
이곳이 역사가 있는 곳이라고?

어떤 종이컵에 대한 관찰 기록

복효근

그 하얗고 뜨거운 몸을 두 손으로 감싸고
사랑은 이렇게 하는 것이라는 듯
사랑은 이렇게 달콤하다는 듯
붉은 립스틱을 찍던 사람이 있었겠지

채웠던 단물이 다 비워진 다음엔
이내 버려졌을,
버려져 쓰레기가 된 종이컵 하나
담장 아래 땅에 반쯤은 묻혀 있다.

한때는 저도 나무였던지라
낡은 제 몸 가득 흙을 담고
한 포기 풀을 안고 있다.
버려질 때 구겨진 상처가 먼저 헐거워져
그 틈으로 실뿌리들을 내밀어 젖 먹이고 있겠다

풀이 시들 때까지나 종이컵의 이름으로 남아 있을지
빳빳했던 성깔도 물기에 젖은 채
간신히 제 형상을 보듬고 있어도
풀에 맺힌 코딱지만 한 꽃 몇 송이 받쳐 들고
소멸이 기꺼운 듯 표정이 부드럽다.

어쩌면 저를 버린 사람에 대한
뜨거웠던 입맞춤의 기억이
스스로를 거듭 고쳐 재활용하는지도 모를 일이지
1회용이라 부르는
아주 기나긴 생이 때론 저렇게는 있다.

종이컵은 일상에서 누구나 쉽게 쓰고 쉽게 버리는 물건이다.
하지만 일회용이라 불리는 종이컵에게도 나름대로 사연이 있듯
이, 춘포역 또한 역으로서 자신만의 생이 있었을 것이다. 어떤
식으로건 우리 문화의 한 부분으로 거듭날 수 있기를 바라는
마음이다.

익산춘포역사(등록문화재 제210호)

이 춘포역(역사)은 1914년에 건립, 대장역(大場驛)이라 명명한 역사 건물로, 1996년 춘포역사로 개칭되었으며, 슬레이트를 얹은 박공지붕의 목조구조로 소규모 철도역사의 전형을 잘 보여주고 있어 현존하는 최고(最古) 역사로서, 역사적, 건축적, 철도사적 가치가 큰 것으로 평가받고 있으며 2005.11.11자 문화재로 등록된 근대문화유산 입니다.

이 등록문화재에 대한 효율적인 보존 · 관리 및 활용 방안을 다각적으

익산 춘포역 안내표지판

춘포역은 우리 지역의 문화재이다. 하지만 외형상으로 보았을 때는 허허벌판에 집 한 채와 표지판만 덩그러니 놓여 있어서 제대로 관리가 되지 않는 것처럼 느껴졌다. 그저 한낱 종이컵도 재활용이 된다. 하물며 이 춘포역은 우리 지역의 소중한 문화재라는 점에서 좀 더 보존하고 관리할 필요가 있으리라 생각한다. 일제 강점기 수탈의 흔적을 담고 있는 간이역이 표지판뿐만이 아니라 생생한 역사 속 이야기로 다시 우리에게 다가왔으면 좋겠다.

익산 나바위성당,
전라도의 가장 오래된 성당

나비

김용택

바람아!
나비가 너에게 자꾸 밀리는구나
바람이 나비의 모양을 만든다

　익산 나바위성당은 보는 순간 마음이 편안해지고 부는 바람
조차 기분 좋게 느껴지는 곳이었다. 나바위성당은 항상 보던 전
주의 전동성당과 마찬가지로 굉장히 웅장해 보였다. 이곳은 다
른 성당과는 달리 기와집 형태를 취하고 있어 특이한 외관을 하
고 있다. 김대건 신부가 처음 사제 서품을 받고 우리나라에 최
초로 발을 디딘 것을 기념해 만든 성당이다. 마치 유럽에 와있
는 느낌을 주는 성당인데, 전동성당은 편안함보다는 웅장함이
앞서는 반면, 이곳 나바위 성당에서는 기도를 해보지는 못했지

만 들어와 있는 것만으로도 마음이 편안해진다.

　여기 나바위성당은 마당까지도 사람의 마음을 편안하게 만든다는 사실이 신기했다. 나바위성당에 있을 때 마치 어머니의 손을 잡고 놀러온 듯이 계속 마음이 편안했다. 성당건물 오른쪽으로 돌아가면 김대건 신부의 성상과 평화의 모후상을 만날 수 있는데, 우리가 갔을 때에는 평화의 모후상에 공사를 하고 있어서 많이 아쉬웠다.

　김대건 신부 성상 뒤쪽의 계단을 따라가면 망금정(望錦亭)을 만날 수 있다. 정상에 세워진 망금정은 '아름다움을 바란다.'라는 뜻으로 1915년 베로모렐 신부가 초대 대구교구장이신 드망즈 주교의 피정을 돕기 위해서 지은 정자이다. 이곳에서 있을 때 불어오는 선선한 바람이 너무 기분 좋아서 내려가고 싶지 않고 조금만 자고 싶다는 생각이 자꾸 들기도 한다. 나바위성당은 망금정에서도 마음이 편안해진다.

한국적인 느낌의 나바위 성당

익산 미륵사지,
무너진 석탑에도 봄이 온다

참 좋은 당신

김용택

어느 봄날
당신의 사랑으로
응달지던 내 뒤란에
햇빛이 들이치는 기쁨을
나는 보았습니다.

어둠 속에서 사랑의 불가로
나를 가만히 불러내신 당신은
어둠을 건너온 자만이 만들 수 있는
밝고 환한 빛으로 내 앞에 서서
들꽃처럼 깨끗하게 웃었지요.

아,
생각만 해도
참 좋은 당신

해체 복원 중인 익산 미륵사지 석탑

김용택 시인과 만났을 때 "시를 읽을 때 함축된 것을 파악하려면 어떡해야 하나요? 파악하려면 너무 머리 아프지 않나요?"라고 물어봤다. 그러자 김용택 시인께서 "시는 그저 보고 넘기다가 마음에 드는 건 기억해두고 아니면 넘겨라"라고 말씀하셨다. 나는 지금까지 시는 어렵다고 생각했는데, 김용택 시인께서 해준 말씀 덕분에 시가 어렵지 않게 느껴졌다. 내가 느끼기에 이 시는 봄날에 오는 사랑. 설레는 느낌을 표현한 시 같다. 미륵사지가 어서 복원되어 내 마음을 또 설레게 해줬으면 좋겠다.

우리가 마지막으로 들린 탐방지는 익산 미륵사지 일원이었다. 이곳에서 처음으로 왕궁리 유적 전시관에서 수막새를 만드는 체험을 했는데, 고등학생이라면 모를 수가 없는 〈공부의 신〉의 강성태가 기억법에 관련해서 추천해준 책이 있다. 그 책에 따르면 기억은 감정이 섞였을 때 더 오래 남는다고 한다. 확실히 수막새를 만드는 체험활동을 하면서 친구들과 얘기했고 웃으면서 했더니 지금까지도 정신을 집중해서 수막새 만들던 내가 떠오른다.

웃던 나를 떠올리니까 이번에는 다른 친구들과 또 한 번 가고 싶다는 생각이 든다. 수막새에 대해 아주 간단히 설명하자면 목조건축 지붕의 기왓골 끝에 사용되었던 기와인데 상당히 모양이 예쁘다. 이곳에서 체험으로 얻은 수막새를 일상생활에서 사용할 수는 없지만 추억을 만들 수 있다는 점에서 너무나도 좋은 체험이다.

이렇게 재미있는 체험활동을 한 뒤, 우리는 본격적으로 우리의 고장에 있던 백제의 역사에 대해 알아보러 들어갔다. 보통 고등학생 정도 되면 대부분 역사를 다 안다고 생각하는데, 큰 오산이다. 사실 내가 그랬다. 경험에서 우러나오는 말인데, 이러한 전시관에서 큐레이터 분이 설명해주시는 걸 들어보면 내가 아는 지식보다 알지 못하는 지식이 훨씬 많이 나온다.

이번에도 그랬다. 제일 기억에 남는 것은 물이 흐르는 것을 표시해둔 지도가 있는데 왕궁에는 물이 흐르지 않길래, "왕궁 내 사람의 대변은 거름으로 쓰지 않는 것인가요?"라고 질문했다. 해설사님의 답변은 쓰지 않았다고 한다. 이런 식으로 선생님께 설명을 듣다 보면 다 아는 줄 알았던 내용들 중에서 모르는 내용이 툭 하고 나온다. 이런 경험을 하고 나면 지식이 늘었다는 느낌을 받는다. 이렇게 체험을 하고 설명도 들은 뒤 나온 나는 체험으로 기분이 좋아졌고 설명으로 지식이 늘었다는 재미있는 느낌도 받아서 점점 집에 갈 시간이 다가온다는 것이 아쉬웠다.

　　마지막으로 백제의 대표적인 석탑인 미륵사지를 복원하는 모습을 보았다. 미륵사지 석탑을 해체하여 복원하는 모습을 보고 있자니 조금 씁쓸하기도 했고, 기대되기도 했다. 다음에는 웅장한 미륵사지 석탑을 볼 수 있었으면 좋겠다.

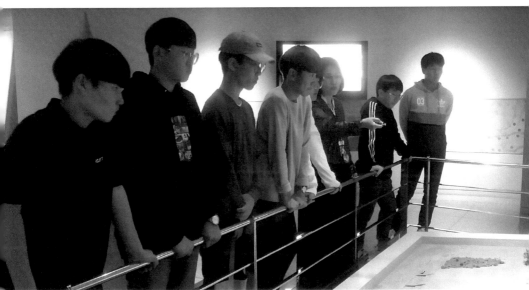

수막새 체험을 마친 후 문화해설사님의 왕궁 설명을 듣는 중

제 3 장

군산 일원

역사의 도시,
군산에 첫발을 디디다

　나는 2018년 현재 신흥고등학교 2학년에 올라가는 그저 평범한 고등학생이다.

　이 기행을 떠나기 전까지 나는, 그저 공부라고 부르고, 현실이라고 쓰는 칼에 베여 독한 상처를 받으면서 그 상처를 '게임'이라는 연고로 버텨왔다. 치료는 하지 않은 채로 말이다. 7월 어느 날, 학교에서 '전라북도 역사 문화 탐방'이라고 하는 프로그램에 참가할 학생을 모집하였다. 나는 그때 당시 '탐방을 할 바엔 게임 한 판을 더하겠다.'라는 생각과 함께 신청하지 않으려고 했지만 나 역시 대한민국의 고등학생이 아닌가.

　봉사활동 시간을 채울 수 있다고 하여 선뜻 내키지는 않았지만 밑져봐야 본전이라고 생각하며 신청을 하였다. 결과는? 본전이 아닌 잭팟이 터졌다고 생각한다. 일단 나에게 휴식이라는 개념은 친구들과 만나서 영화를 본다든지, 게임을 한다든지 등등의 그저 그런 놀이들뿐이었다. 그러나 이러한 탐방들을 주로 간 후 휴식의 개념이라는 테이블에 탐방이라고 하는 메인메뉴가 추가되었다. 한 걸음 더 나아간다면, 아예 휴식의 개념이라는 테이블이 차원이 다르게 더 좋은 테이블로 바뀌었다고 할 수 있다.

그러한 이유는, 탐방을 하면서 그 장소의 문화재에 관한 이야기를 들으며 지식이 차오르는 기분을 느끼고, 그곳의 특산물로 만들어진 음식을 먹고 즐거움을 느끼면서 비로소 휴식을 느낄 수 있었기 때문이다. 내가 이제까지 몰랐거나 가고 싶었던 그 장소에 직접 가서 눈으로 보고 입으로 맛보며, 피부로 느끼고 귀로 듣는 것이 얼마나 행복하고 좋으며, 뿌듯한 일인지 아는가? 필자는 그것을 알려주고 싶기에 이 책에 글들을 한 글자 한 글자 써내려가보려 한다.

군산은 숱한 역사를 간직한 도시이며, 기름진 들과 풍부한 바다, 고즈넉한 산들이 어우러진 첨단산업 도시이자 국제무역항으로 크고 있는 도시이다. 이곳 군산은 옛날의 역사를 엿볼 수 있는 유명한 장소들과 군산 특유의 맛집들 덕분에 요즘 10대들도 우정 여행으로 많이 방문하는 도시이다.

그중에서도 우리는 초원사진관, 경암동 철길마을, 동국사, 군산 신흥동일본식 가옥, 옛 군산세관, 이성당, 근대역사박물관을 다녀왔다. 이제부터 10대들의 눈으로 써내려간 군산 탐방기를 슬쩍 엿보기로 하자.

임피역,
일제강점기의 슬픔이 서린 땅

이곳 임피역은 일제강점기에 전라남북도의 농산물을 군산항을 통하여 일본으로 반출하는 중요 교통로의 역할을 담당한 곳으로서 수탈의 아픔을 간직하고 있는 곳이다. 그 시절 힘들게 수확한 쌀을 빼앗긴 농민들은 깻묵과 나무껍질로 배를 달랬다.

또한 태평양 전쟁에 끌려갔던 젊은이들과 해방 후 돌아오지 못한 아들, 딸들을 애타게 기다리던 부모들의 눈물이 서려있는 이 임피역은 당시 농촌 지역 소규모 간이역의 전형적 건축형식과 기법을 잘 보여주는 곳이며, 원형을 잘 보존하고 있다. 또한, 그때 당시 임피역 안쪽의 상황을 동상으로 잘 재현하고 있어 실감이 난다. 안에 있는 주판도 두드려 보거나 전화기 다이얼도 직접 돌려볼 수 있어 색다른 느낌이었다.

이 임피역이 있는 방죽공원 안에는 기차가 있는데 평범한 기차가 아닌 기차 안에 전시관이 있는 기차여서 특이하고 신기했다. 기차 안이라서 불편할 줄 알았지만, 어느 박물관 못지않게 깔끔하고 멋있었다.

수탈의 흔적이 남아있는 임피역사

과거를 소환하는 임피역사

수탈당한 우리의 문화유산,
발산리 유적지

이곳 발산리 유적지에는 신라탑 양식으로 만들어진 고려 시대 석탑인 발산리 5층석탑과, 발산리 석등, 발산리 육각부도 등 등 많은 예술품이 있다. 이 석탑, 석등, 육각부도들은 일제 강점기 시절 일본인 '시마타니 야소야'라는 농장주가 전국에서 수탈한 유물로 알려져 있다.

이 발산리 5층석탑의 받침돌은 신라석탑 모양을 본 따 만든 네 개의 기둥을 새긴 탑몸돌과 지붕돌은 각각 하나의 돌로 만들었다. 삼단 받침의 지붕돌은 끝이 약간 위로 들려 곡선을 그리고 있어 고려 탑의 특징을 보이고 있다. 이 석탑은 신라 시대 석탑양식을 따르고 있으나 고려 탑의 간결한 아름다움을 보여준다.

이 발산리 석등은 하대석에는 8장의 연화복련(연꽃잎 2장이 겹쳐진 모습)이 새겨져 있고, 간주석에는 이빨을 드러내고 웃고 있는 용의 모습이 해학적으로 그려져 있다. 이처럼 기둥돌에 용이 새겨진 석등은 우리나라에서 유일한 작품이다. 높이는 2.5m 기둥돌의 용무늬 조각이 특징이다.

발산리 육각부도는 일반적인 탑형 부도양식을 따르면서 그 평면이 6각이라는 희소성과 함께 비교적 높은 조각수법으로 예술적 가치 또한 지니고 있다. 육각부도는 높이 175cm로, 육각의 2단 받침돌 위에 탑신과 옥개석을 올린 형태이다. 육각의 탑신 2면에는 문 형태를 새겼고, 4면에는 사천왕상이 희미하게 새겨진 것으로 보인다.

이 발산리 유적지 옆에는 '시마타니 금고'가 있었는데 얼마나 중요했는지, 당시로는 특이하게도 철문을 미국에서 수입해왔다. 안쪽 구조는 3층(지하-1층-2층)으로 되어있다. 역시 오래되긴 오래 됐는지 퀴퀴한 냄새가 났지만, 그것은 그것대로 매력이 있었다.

지하에는 옷감과 음식류가 있었으며, 1층에는 농장의 중요서류와 현금이 있었고, 2층에는 한국의 고미술품이 다수 소장되어 있었다고 한다. 지하는 감옥 같은 느낌이 들어 으스스했다. 일본 패망 이후, 시마타니는 마지막 철수선을 타고 귀국했다 하니 그의 한국 문화재에 대한 탐욕과 집착을 가늠케 한다.

약탈한 조선 고미술품을 보관하던 시마타니 금고

이영춘 가옥,
잘 알려지지 않은
한국의 슈바이처의 집

이 건물은 일제시대 농장주들에 의한 토지수탈의 실상을 보여주는 역사적 의미와 함께 해방 후 우리나라 농촌보건위생의 선구자였던 쌍천 이영춘 박사가 이용했다는 의료사적 가치를 지니는 건물이다.

프랑스인이 설계하고 일본인이 시공한 이 건물은 건축 당시 서울의 총독 관저와 서로 잘 지으려고 경쟁했다는 일화와 함께 당시로써는 어마어마한 건축비가 들었다고 전해지고 있다. 당시 일본총독관저를 짓는 비용과 맞먹을 정도의 비용이 들었다고 한다. 이 건물은 우리나라에서 처음으로 짓는 과정에서 미터법을 사용했다는 점에서 건축사적 의미도 크다.

전북 유형문화재 200호, 이영춘 가옥

문화해설사님과 함께

응접실과 외부형태는 서양식, 중복도형은 일식, 온돌구조는 한식 등 서양식, 일식, 한식을 모두 모아놓은 복합 건축 양식을 사용한 주택이 바로 이 '이영춘 가옥'이다. 게다가 이곳은 최초로 미터법을 적용한 건물로 전라북도 유형문화재 제200호이다. 또한 건물 안에는 당시 일본인 대지주 구마모토와 관련한 이야기를 비롯해서 이 가옥의 건축배경, 그리고 이영춘 박사의 생애와 업적, 이 가옥에 대한 설명, 이영춘 박사가 사용한 물건들과 책들을 전시해놓았다.

이 가옥에 대해 설명해주시는 문화해설사 분이 계셔, 거의 박물관이라고 봐도 무방한 곳이다. 나 또한 이러한 가옥을 보면서 '가옥이 정말 신기하게도 생겼네. 조화로움이 드러나는구나' 라는 생각이 들었다. 물론 짬뽕이라 부르기에는 멋있는 가옥이었다. 그리고 이곳에는 위 사진의 읽는 설명으로만 이해 안 되는 부분이 있다. 만약 모르는 분이 있으면 이곳에 상주하는 문화해설사 분께서 방문객들의 궁금증을 해결해주고 이해를 도와주신다.

채만식문학관,
백릉 채만식의 문학을 품다

일단 이 채만식문학관 이야기를 하기 전에 채만식 선생에 대해 알아볼 필요가 있다. 소설가 채만식 선생은 다작 작가로 유명하며 소설, 희곡, 동화, 수필, 평론 등 200여 편의 작품을 남겼다. 그는 서동산이라는 필명으로 최초의 근대적 탐정소설인 『염마』를 발표한 작가이기도 하다. 또한 채만식은 평소에 글이 자신의 마음에 들 때까지 고치는 경우가 많아서 원고지 한 장 분량의 초고를 쓸 때도 10장은 기본으로 버리고 썼다는 이야기가 전한다. 그러나 완벽한 그에게도 씻을 수 없는 과오가 있었으니, 바로 소설과 시로 친일 행위를 하였다는 것이다.

하지만 채만식은 광복 이후에 '민족의 죄인'이라는 자신의 친일을 시인한 소설을 써서, 변명이나 하고 때로 큰소리치던 다른 친일문학가들과 다른 모습을 보여 주었다. 그나마 다른 친일작가들과는 다르게 최소한의 양심은 있다고 볼 수 있다. 또한 이 채만식 선생의 마지막 소망으로 원고지 이야기가 유명한데 채만식 선생의 마지막 소망은 원고지를 20권쯤 머리맡에 쌓아두는 것이었다고 한다.

백릉 채만식문학관

일평생을 두고 원고지를 풍부하게 가져 본 일이 없었던 까닭에 죽을 때나마 머리 옆에다 수북이 놓아보고 싶었기 때문이라고 한다. 이제 채만식문학관에 대해 이야기를 해보자. 일단 채만식문학관은 배 형태의 모습을 하고 있으며, 채만식 선생의 삶의 여정과 작품을 접할 수 있다. 2층 건물로, 1층에는 전시실과 자료실이 있는데 파노라마 식으로 채만식 선생의 삶의 여정을 따라갈 수 있다. 2층 영상세미나실에서는 채만식 선생의 일대기를 관람할 수 있고, 문학 강좌나 세미나가 연중 열린다고 한다.

작가의 인물 사진과 작품 속의 이미지, 군산시 모습을 담고 있는 전시실은 작가의 치열한 삶의 여정을 시대에 맞춰 파노라마 식으로 소개하고 선생의 목소리를 재연하여 사실감 있게 전시하고 있다.

채만식의 대표적인 작품으로는 고등학생의 필독 소설인 『태평천하』, 『탁류』 등이 있다. 채만식은 단편 「레디메이드 인생」이라는 작품으로 데뷔를 했는데 이 「레디메이드인생」에 대한 설명은 임피역이 있던 방죽공원에 새겨져있다.

채만식 선생의 생전을 재현한 모습

경암동 철길마을, 쓰라린 서민들의
애환을 간직하고 있는
여행명소

경암동 철길마을은 1944년 일제 강점기에 개설된 철도 주변에 사람들이 모여 살기 시작하면서 동네를 이루었고 1970년대 들어 본격적으로 마을이 형성되었다. 지금은 기차 운행이 멈추었지만 2008년까지는 마을을 관통하는 기차로 하루 두 번 운행했었다.

건물과 건물 사이를 기차가 아슬아슬하게 지나가는 이색적인 풍경 때문에 한때 사진가들의 단골 출사 지역으로 명성을 누렸고, 기차 운행 중단 이후로 '추억의 거리'로 근사하게 재탄생했다. 철길 변 벽 곳곳에는 화물차의 풍경, 꽃그림 등 옛 생각이 절로 나는 벽화들이 그려져 있다.

이곳의 길 중간엔 철도가 있고 그 옆에는 갖가지 체험과 먹거리 등 눈과 입이 즐거웠다. 옛날 과자들을 구워 먹거나 옛날 교복들을 입어보거나 등등 만약 인생샷을 원한다면 이곳을 꼭 가보기 바란다. 특히 나 같은 청소년들에게는 옛날 과자를 구워

군산 경암동 철길마을

먹는 체험이 신기할 것이다. 시간을 내어 꼭 해보기 바란다. 하
지만 이곳도 단점이 있는데, 일단 길가가 너무 좁고 철도가 있
기 때문에, 넘어져서 사고가 날 위험이 있으니 조심할 필요가
있다

군산 근대역사박물관,
현재와 미래를 이어주는 곳

　박물관이라고 하기엔 굉장히 웅장한 군산 근대역사박물관은 때마침 안에서 들리던 경쾌한 아리랑 소리가 심금을 울려, 내 기억에 가장 많이 남는 곳이었다. 이 박물관은 군산의 갖가지 역사와 근대문화들을 볼 수 있고, 근대 문화유산이 가장 많이 남아 있는 곳이며 근대 문화유산을 한곳에서 감상할 수 있다. 또한 이곳은 "역사는 미래가 된다."라는 신조로 과거 무역항으로 해상물류유통의 중심지였던 옛 군산의 모습과 전국 최대의 근대문화자원을 전시한 곳이기도 하다. 박물관 뒤쪽에는 갖가지 푸드코트들이 있어 입도 즐겁고, 버스킹을 하는 사람들이 많아 행복한 시간이었다.

　군산 근대역사박물관은 다른 박물관들과는 달리 체험을 할 수 있는 요소들이 많아서 즐거웠다. 옛날 교복을 입는다든가, 막걸리 발효냄새를 맡아볼 수 있다든가, 고무신을 신어 볼 수 있다든가, 지게를 져볼 수 있는 등 많은 체험거리가 있다.

근대역사박물관의 체험코너

동국사,
아픈 역사를 담은 비운의 사찰,
시민을 만나다

　　동국사는 1909년 일본 승려 선응불관 스님에 의해 창건되어
일제강점기 36년을 일인 승려들에 의해 운영되다가 1945년 8월
15일 해방을 맞이하여 대한민국의 품으로 돌아온 아픈 역사를
간직하고 있는 사찰이다.

　　이 사찰은 일제강점기 시대를 거쳐 오늘에 이르고 있다. 동
국사는 우리나라에 남겨진 유일의 일본식 사찰로 대웅전이 실
내 복도로 이어진 것이 특징이라고 한다. 화려한 단청을 주로 하
는 우리나라와는 달리 아무런 장식이 없는 처마와 대웅전 외벽
에 많은 창문이 일본풍의 느낌을 강하게 풍긴다.

　　또한 일제강점기에 지어진 일본식 사찰은 대부분 없어졌기
때문에 동국사는 현재 유일하게 그 흔적을 엿볼 수 있는 곳이
다. 특히 동국사 대웅전은 2003년에 등록문화재 제64호로 지정
되었다.

동국사에서 열린 군산시민과 함께하는 음악회

신흥동 일본식 가옥, 한국에서 전통 일본의 느낌을 받을 수 있는 곳

일제강점기 군산지역의 유명한 포목상이었던 일본인 히로쓰가 건축한 2층의 전통 일본식 목조가옥이다. ㄱ자 모양으로 붙은 건물이며, 1층에는 온돌방, 부엌, 식당, 화장실 등이 있고 2층에는 일식 다다미방 2칸이 있다.

한때 히로쓰 가옥이라 불리던 일제강점기 군산의 가옥 밀집지인 신흥동 지역의 대규모 일식 주택의 특성이 잘 보존되어 있는 건물이다. 영화 '장군의 아들'과 '타짜'의 촬영 장소가 되기도 하였다고 한다. 나는 이곳의 일본식 정원이 특히 마음에 들었다. 일단, 연못 같은 곳이 있어 마음이 편안해지고. 만화에서나 나올 것만 같은 아름다운 정원이었기 때문이다.

군산 신흥동 일본식 가옥

초원사진관,
영화 촬영지였지만
왠지 모를 추억이 담긴 곳

초원사진관은 배우 한석규, 심은하 주연의 영화 '8월의 크리스마스' 촬영지로 유명한 곳이다. 차고를 사진관으로 개조한 곳이며, '초원사진관'이라는 이름은 주연 배우인 한석규가 지은 것인데, 그가 어릴 적에 살던 동네 사진관의 이름이라고 한다. 촬영이 끝난 뒤 철거했다가 이후 군산시가 다시 복원하여 군산을 방문하는 사람들을 위해 무료 개방을 하고 있다. 초원사진관에는 당시 영화 속에 등장했던 사진기와 선풍기, 앨범 등이 고스란히 전시돼 있다.

이번 탐방에서 일단 아쉬웠던 점을 말해보자. 일단 군산은 요즘 10대들에게 여행 필수코스이다. 하지만 이 10대들은 이와 같은 문화재들을 보지 않고 아름다운 곳으로 사진을 찍으러 가거나 먹거리만 먹을 뿐 문화재에겐 관심이 하나도 없는 것이 아쉬웠다. 이런 문화재에서 여러 행사를 하거나 이러한 문화재에 관련된 이야기들을 알려주는 문화해설사들이 있었으면 좋았을 것 같다.

두 번째로 위에서도 말했듯이 군산 경암동 철길마을의 길

영화 '8월의 크리스마스'의 배경, 초원사진관

중간에는 큰 철도가 존재한다. 이 철도가 이곳의 랜드마크긴 하지만, 이 철도 때문에 이동이 정말 불편하다. 철도의 철재 부분이 일반 성인의 발목을 넘어 가족들과 함께 온 어린아이들이 넘어질 확률이 높을뿐더러 조심성 없는 아이들은 뛰다가 크게 다칠 수도 있을 것이다. 차라리 철도 옆길 확장을 해주어 이동이 편리하게 되었으면 좋겠다.

그럼 이번엔 좋았던 점을 말해보자. 옛날부터 군산에 대한 먹거리나, 아름다운 곳의 사진 등에 대한 기대가 많았다. 하지만 군산은 이러한 기대에 부응할뿐더러 잘 알려지지 않은 발산리 유적지나 임피역 등등 유명한 문화재를 구경함으로써 옛날의 역사를 떠올릴 수 있었다.

이러한 군산의 문화재들은 공통점이 있는데 바로 일상의 평화로움이다. 이러한 군산의 문화재들은 차분함과 평화로움을 준다. 그래서 나는 더욱 좋았던 것 같다. 또한 채만식문학관에서는 평소 그의 작품『태평천하』에만 관심이 있었지 이 소설의 저자에게는 관심이 없었다. 그러나 문학관에 다녀옴으로써 채만식의 일생을 잘 살펴볼 수 있고『태평천하』만이 아닌 다른 좋은 작품들이 무엇이 있었는지 알 수 있어 좋았던 것 같다.

대부분의 사람들은 군산에 우정여행을 가거나 가족여행을 하면서, 즐거움만 얻고 간다. 나 또한 그랬을 것이다. 하지만 이러한 역사 탐방을 다녀옴으로써 즐거움도 얻고 문화재에 대한 지식과 배경도 얻고 좋았다. 또한, 이번 탐방을 통해 군산이 아니더라도 그 지역에는 놀 거리만 있는 것이 아닌 이러한 좋은 문화재들과 그 뒤에 멋진 역사가 있다는 사실을 알았다. 또한 평소에 관심이 없던 문화재 탐방에 흥미로움을 느꼈다.

　가기 전에는 그냥 놀고먹을 생각만 하며 기분이 좋았다. 하지만 직접 군산에 가서 문화재를 보고 그 문화재에 대한 역사를 알고, 옛 추억을 체험해보고 그 지역을 다니면서 탐방에 대한 의미가 달라진 듯하다. 내가 원래 알던 탐방의 의미는 그냥 가서 지루하게 설명만 듣고 그 들은 것을 아무 종이에다만 쓰는 것이었다. 하지만 이번 탐방을 통해 탐방은 내가 원래라면 책에서만 볼 수 있었던 문화재를 보고, 감동을 느끼며, 그와 함께 그 지역의 유명한 장소에서 놀고, 먹고, 체험하며 몸속에 경험을 스며들게 하는 것임을 느꼈다.

제 4 장

고창 일원

고창 가는 길

　고창은 전라북도의 서남쪽 끝에 있다. 서쪽으로는 70㎞를 넘는 긴 해안선이 서해와 닿아 있고 동남쪽은 노령산맥의 서쪽 기슭에 놓인 지역이다. 이 고창은 군 단위로서는 우리나라 최대의 고인돌 밀집 지역으로도 유명하다. 원래 전라북도에는 남방식 고인돌이 존재하는 것에 비해, 고창군의 성산리, 매산리, 상갑리에서는 북방식 고인돌도 발견되는 것으로 보아, 선사 시대로부터 다양한 문화가 싹을 틔웠음을 알 수 있다.

　이곳 고창은 옛날 백제 때는 모량부리현 또는 모양현으로 불렸고 통일신라시대 때 현재의 명칭인 고창현으로 불렸다. 이곳 고창 하면 떠오르는 절이 있다. 바로 선운사이다. 선운사는 대웅전, 지장보살좌상 등 여러 가지 불교 문화재를 지닌 전북의 대표적인 절이며, 우리나라에서 가보고 싶은 곳을 꼽으라면 항상 나오는 곳이 바로 선운사인 만큼 인기가 매우 많은 문화재이다. 또한 이곳 고창에는 판소리 예술의 발전에 크게 기여한 독보적인 인물인 신재효와 한국 현대시에 큰 영향을 미친 미당 서정주의 고장이다. 이렇게 아름다운 문화재들과 자연환경이 즐비한 고창에 다녀온 십대들의 여행기를 들어보자.

일단 우린 처음에 미당 시 문학관으로 향하여, 서정주 시인의 작품과 시들을 구경하였다. 그다음에는 선운사에서 문화해설사 선생님에게서 그 안의 목조 건물과 나무들에 대해 설명을 들으며 선운사를 구경한 후, 고창 읍성의 안쪽에서 여러 조형물들을 구경하였다. 마지막으로, 고창 읍성에서 바로 옆에 있는 신재효 고택을 구경했다.

미당 시문학관에
가다

　이곳 미당 시문학관은 폐교된 선운초등학교 분교를 리모델링하여 미당 서정주의 문학관으로 개관한 곳이다. 이곳에는 서정주 시인의 작품과 초상화 등 유품 2300여 점을 전시하고 있다. 또한 시문학관에서 좌측으로 난 샛길을 따라 5분 정도만 걸어가면 〈자화상〉의 배경인 미당 서정주의 생가가 나온다. 이 생가 근처에는 국화꽃밭이 있었는데, 정말 아름다웠다.

　미당 생가는 한동안 폐가처럼 방치되어 있다가 지금과 같은 모습으로 복원하였다고 한다.

　미당은 한때 국민시인으로 불릴 정도로 유명한 시인이었으나 일제에 협력하는 친일작품을 남김으로써 오점을 남기고 말았다

미당 서정주 생가

교과서 밖에서
미당을 만나다

미당 시문학관은 다른 문학관들과는 다르게 인테리어가 정말 깔끔하고 예쁘다. 문학관이 아닌 미술관이라 해도 믿을 만하다. 미당 시문학관은 다른 문학관들과는 달리 전시물이 지정된 곳에 있지 않고 곳곳에 있어서 보는 재미가 쏠쏠하다. 또한 근대적인 현대 시라서 우리 같은 청소년들도 시를 잘 이해하고 읽을 수 있어 좋은 것 같다.

시 문학관 창문 너머로 보이는 국화꽃밭들이 정말 예뻤고 시〈내 아내〉처럼 서정주 시인이 얼마나 자신의 부인을 사랑하고 아끼는지 알 수 있는 시들이 많았다. 영상실에서 보았던 영상자료는 서정주 시인이 무엇을 했는지, 무슨 작품을 썼는지, 어떤 사람인지 등등 많은 정보를 제공해주어 좋았으며 전시실을 돌면서 〈오장 마쓰이 송가〉처럼 친일 작품을 남겼다는 사실도 알 수 있었다.

내 또래 청소년들은 무슨 단어인지도 모르고, 어떤 시어가 무엇을 의미하는지 모르는 옛날 시를 싫어할 것이다. 그러나 이

미당 시문학관에서 바라본 풍경

시인의 시는 그나마 현대에 쓰인 시라서 그런지, 시에 쓰인 단어 중 딱히 잘 이해가 가지 않거나 모르는 단어들이 많지 않아 시를 읽는데 거부감이 들지 않았다. 나는 시에 관심을 가지고 싶지만 어려워서 다가가지 못하는 청소년들에게 미당 시문학관을 추천하고 싶다.

선운사,
주황빛으로 물든 절

　　이곳 선운사는 도솔산 북쪽 기슭에 자리 잡고 있으며, 김제의 금산사와 함께 전라북도의 으뜸가는 2대 절로서 오랜 역사와 뛰어난 자연경관, 소중한 불교 문화재들을 지니고 있어 사계절 내내 참배와 관광의 발길이 끊이지 않는 곳이다.

　　또한 이곳 선운사에 있는 동백꽃은 눈이 내리는 한겨울에도 붉은 꽃을 피워낸다. 규모가 매우 크고 사람들이 많아 항상 경내는 시끌벅적하다. 또한 몇몇 사람들의 트로트 버스킹이 이곳 선운사 가는 길의 또 다른 묘미이다. 이 사찰 안쪽에는 종들이 많으며, 터 안쪽으로 들어가면 색색의 나뭇잎들이 있는 나무들도 있어 보는 이를 즐겁게 한다.

　　또한 이곳 선운사 창건과 관련하여 두 가지 이야기가 전한다.

　　첫 번째는 신라 진흥왕이 창건했다는 설과 두 번째는 백제 위덕왕 24년에 고승 검단 선사가 창건했다는 두 가지 설이 전하고 있다.

　　일단 첫 번째 설인 신라 진흥왕의 창건설이다. 신라의 진흥

선운사 경내

선운사 근처 차밭과 가을 풍경

왕이 만년에 왕위를 내주고 도솔산의 어느 굴에서 하룻밤을 묵게 되었는데, 이때 미륵 삼존불이 바위를 가르고 나오는 꿈을 꾸고 크게 감응하여 중애사를 창건함으로써 이 절의 시초를 열었다는 것이다. 그러나 당시 이곳은 신라와 세력다툼이 치열했던 백제의 영토였기 때문에 신라의 왕이 이곳에 사찰을 창건하였을 가능성은 희박했다고 한다. 따라서 시대적, 지리적 상황으로 볼 때 검단 선사의 창건설이 정설로 받아들여지고 있다.

그리고 검단 선사의 선운사 창건과 관련해서 여러 설화가 내려온다고 한다. 원래 선운사의 자리는 용이 살던 큰 못이었는데 검단 스님이 이 용을 몰아내고 돌을 던져 연못을 메워나가던 무렵, 마을에 눈병이 심하게 돌았다. 그런데 못에 숯을 한 가마씩 갖다 부으면 눈병이 씻은 듯이 낫곤 하여, 이를 신이하게 여긴 마을 사람들이 너도나도 숯과 돌을 가져옴으로써 큰 못은 금방 메워지게 되었다. 이 자리에 절을 세우니 바로 선운사이다. 검단 선사는 "오묘한 지혜의 경계인 구름(운)에 머무르면서 갈고 닦아 (선)정의 경지를 얻는다" 하여 절 이름을 '선운'이라 지었다고 전해져 온다.

또한 이 절의 입구 바로 앞에는 다리가 있는데 그 다리 너머에는 보성 녹차 밭 뺨치는 아름다운 녹차밭이 있다. 이 녹차밭의 녹차꽃들은 예전에 녹차꽃 놀이가 있었을 만큼 정말 예쁘다. 또한 선운사로 가는 길에 있는 색색깔의 나뭇잎을 가지고 있는 나무들은 이 길을 걷는 사람으로 하여금 웃음을 짓게 한다. 여우비가 살짝 내리고 난 후의 선운사로 가는 길은 무릉도원을 걷는 듯한 기분을 준다.

고창 읍성,
공짜로 무병장수의 기회를
얻을 수 있는 성

이곳 고창읍성은 고창읍을 두르고 서 있는데 그 길이가 1,700m에 성벽의 높이는 4~6m이다. 임진왜란을 겪으면서 성곽을 제외한 성 안 시설들이 불타고 무너졌는데 동헌, 객사 등의 옛 건물들이 지금은 어느 정도 복원이 되어 있다. 또한 이 고창읍성 하면 역시 성곽 돌기를 빼놓을 수 없다.

머리에 돌을 이고 성을 한 바퀴 돌면 다릿병이 낫고, 두 바퀴 돌면 무병장수하고, 세 바퀴 돌면 극락에 간다고 한다. 하지만 나는 1,700m의 성곽을 머리에 돌까지 이고 한 바퀴를 돌면 아마 다릿병이 생기고 두 바퀴를 돌면 없던 병도 생기고, 세 바퀴 돌면 진짜 극락에 갈지도 모른다는 생각을 했다. 이곳 고창읍성 안쪽은 매우 넓은데, 안쪽에는 여러 문화재들이 있으며, 마치 공원 같은 기분이 들었다.

고창읍성

신재효 고택,
판소리의 얼이 서린 집

　고창읍성 근처에 있는 신재효 고택은 1850년경 신재효가 지은 초가집으로 건물 남쪽에는 직사각형의 마당이 있고, 남동쪽에 우물이 있다.

　이 집의 주인인 신재효는 이곳에서 우리가 흔히 알고 있는 판소리 마당인 '춘향가', '심청가', '박타령', '가루지기타령', '토끼타령', '적벽가' 등 여섯 마당의 판소리로 절차를 세우고, 가사를 실감에 맞도록 고치는 한편, 이론을 정리했다. 그러나 이들 중 가루지기타령은 가사가 너무 음란하다는 판정을 받아 다섯 마당만 전해져 내려오고 있다. 이 집 안에는 그 당시 신재효에게 판소리 가르침을 받던 제자들의 상황을 재현해 놓았다.

　미당 시문학관은 내가 이제까지 가보았던 곳들 중 가장 아름다운 문학관이었다. 하지만 요즘 청소년들의 시에 대한 인식 때문에 청소년들이 문학관이라는 장소를 꺼려 이런 아름다운 곳에 많이 오지 않는다는 점이 아쉬웠다. 또한, 선운사는 아름다운 경치를 가지고 있어서 정말 좋은 곳이었지만 이곳을 설명

동리 신재효 고택

해주는 문화해설사 분이 그리 많지 않아서 문화해설사 분들이 더 많았으면 좋겠다.

일단 평소에 그리 좋아하지 않던 시에 대한 고정관념을 깨뜨리게 해준 미당 시문학관이 정말 좋았다. 또한 국화가 정말 아름다워서 더욱 기억에 남는다. 정말 아름다운 곳이었고, 문학관에서 보았던 시들도 하나같이 주옥같았다. 하지만 이렇게 뛰어난 작품을 남긴 작가가 친일 때문에 역사의 죄인으로 남을 수밖에 없었다는 사실이 안타까웠다. 또한, 선운사는 여러 색의 나뭇잎이 가장 기억에 남는다. 게다가 항상 사람들로 북적거려서 더욱 이곳이 빛나 보이는 것 같았다. 또한 고창읍성은 동네 공원 같은 평온함을 주고 이곳의 성벽 외곽의 전설이 정말 재미있었다.

솔직히 고창에 대해서 별로 알지 못했지만, 이곳에 다녀온 뒤에 왜 여기가 별로 알려지지 않았는지 궁금했다. 아름다운 자연경관과 고창 읍성에 관한 재밌는 설화 등등 유명한 곳 못지않게 정말 좋은 곳이었는데 말이다.

주황빛으로 아름답게 물든 선운사는 가을 당시 감성이 풍부해졌던 내 마음을 강타하기에 충분했다. 또한 이곳에 존재하는 설화들은 옛날이야기를 좋아하지도 않던 나를 흥미를 돋워 주었고. 미당 서정주 시인의 문학관은 기존에 있던 문학관에 대한 나의 기존 관념을 깨주었다. 대개 문학관 하면 지루한 곳, 딱히 뭔가 있지도 않은 곳이라고 생각할 수 있지만. 다른 문학관은 몰라도 이 문학관은 꼭 가보았으면 한다. 정말 어느 미술관 못지않다. 이렇게 고창을 다니는 내내, 눈이 제일 즐거웠던 것 같다. 학업에 치여 항상 책과 문제집만 보는 우리와 같은 십대 청소년이나 일상에 지쳐 가족과의 휴식이 필요한 분들이 꼭 방문해주었으면 하는 곳이다.

제5장

김제, 부안 일원

김제 평야를 지나
부안 땅으로

나는 문학관과는 거리가 좀 멀다. 나는 다른 지역으로 많은 여행을 다녔었지만, 문학관은 가볼 기회가 많지도 않고, 가도 딱히 집중하지 않고 친구와 놀았기 때문이다. 나는 귀찮은 게 싫어서 딱히 활동하는 걸 좋아하지 않는다.

그러다가 친구의 추천으로 역사 문화탐방이라는 활동을 알게 됐고, 일단 한번 해본다고 했다. 평소 주말에는 PC방이나 당구장이나 노래방을 갔던 나는 주말마다 문학관이나 문화재를 찾아가며 체험을 하는 역사 문화 탐방이라는 프로젝트 때문에 놀 시간이 많이 없어졌다.

하지만 친구들과 같이 체험을 하며 그 작품들을 보면서 전에는 내가 느껴보지 못한 무언가를 알아가고 공감을 하는 게 참 좋게 생각되었다. 문학관이 아무리 따분하게 느껴지고, 이해하기 어려울 수 있지만, 옛 시절 그 작가들을 샅샅이 보여주는 곳이 문학관이기 때문에 나는 청소년 때 문학관에 가서 평소에 느껴보지 못한 것들을 느껴보기를 추천한다.

아리랑 문학마을과
아리랑 문학관

　　우리나라에서 유일하게 지평선이 보이는 김제, 부안 일대는 우리나라 최대 곡창지대로 풍요로운 곳이지만, 그만큼 수탈과 착취의 역사로 얼룩진 곳이기도 하다. 일제강점기 때에는, 전국에서도 일제에 의한 수탈이 가장 많이 심했던 곳이 바로 김제이다. 일본인이 운영하는 농장들이 곳곳에 들어서 만금평야 일대의 일본인 농장에서 생산된 쌀들은 군산항을 통해 일본으로 반출되었다. 그리고 이 이야기들을 배경으로 현실에 재현한 곳이 바로 김제 아리랑 문학마을이다.

　　아리랑 문학마을은 조정래의 소설『아리랑』을 통해서 김제 당시의 역사를 살펴볼 수 있다. 아리랑 문학마을에 도착해 버스에서 내리자 차가운 바람이 우리를 맞이했다. 처음 가자마자 아리랑 문학마을을 보고 느낀 점은 참 잘 꾸며져 있다. 이거였다. 평소 가보던 문학관은 그냥 작품들을 설명하는 문학관 딱 하나였다. 하지만 이곳 아리랑 문학마을은 전체적으로 넓었고, 일단 홍보관 마당에는 가마체험, 주리 틀기 등등 그 시절 예전의 것을 체험할 수 있었다. 그 당시 근대 수탈 기관, 내촌, 외리 마을,

이민자 가옥, 하얼빈 역사 등이 실제로 복원되어 있었기 때문에 아리랑 소설이나 김제의 역사를 잘 알지 못하는 사람들이 가도 잘 배워올 수 있을 것 같다.

아리랑 문학마을을 다녀와서 느낀 점은 가족 단위의 여행객들이 오면 참 좋겠다는 것이다. 일단 아이들은 체험하는 걸 좋아한다. 여기 아리랑 문학마을에서는 투호 던지기, 인력거 체험, 투옥체험 등등 체험할 수 있는 프로젝트가 많다. 비록 나는 시간 관계로 이런 체험들을 하지 못하고 다음 스케줄로 갔는데 다음에 간다면 꼭 체험을 해보고 싶다. 그리고 넓은 마당을 가지고 있어 아이들이 뛰어놀기도 좋고, 복원되어있는 건물들을 보면 신기해서 관심을 가질 것이다. 또한 부모님들도 같이 체험하며 어렴풋한 어린 기억들을 떠올린다면 더불어 좋은 추억이 될 것이다.

다음으로 우리가 향한 곳은 아리랑 문학관이었다.

나는 딱 들어가자마자 문학관 한가운데에 산같이 쌓여있는 원고를 봤다. 바로 조정래 소설가의 아리랑 전권의 원고였다. 10년 동안 쓰신 원고는 2㎡가 훌쩍 넘게 쌓여있었다. 정말 깜짝 놀랐다. 나는 원래 소설가나 시인을 쉬운 직업이라 생각했다. 몸을 쓰는 것도 아니고 가만히 앉아서 글을 쓴다? 나도 할 수 있

김제 아리랑 문학관

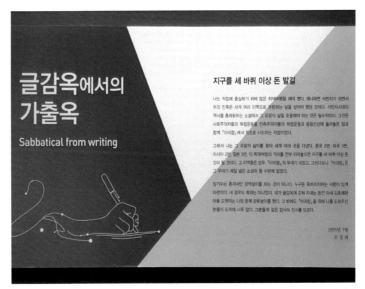

글감옥, 조정래 선생의 치열한 창작활동의 대명사

을 것만 같았다.

하지만 직접 책을 쓰며 느꼈다. 글 쓰는 일이야말로 내용 요약하랴, 원고 쓰고 퇴고하랴 정말 복잡한 거투성이다. 어쩌면 소설가는 세상에서 제일 어려운 직업일지도 모른다. 아리랑이라는 소설이 과거 곡창지대였던 김제를 일본이 수탈하면서 우리 민족이 겪어야 했던 그 힘든 일을 조정래 소설가가 직접 발로 뛰며 자료를 찾고 적은 것이기 때문에 아무나 쓸 수 없다고 생각한다. 내 또래 청소년들은 예전과 다르게 전쟁이나 힘든 일을 거의 겪어 보지 않았다. 그래서 나는 소설가라는 직업을 다시 보게 되었다.

나는 18살이다. 나는 지금도 수학공부와 영어공부를 이미 늦었다며 안 하고 있다. 조정래 시인이 태백산맥을 시작한 나이는 40살이다. 조정래 소설가는 40살이라는 나이로 태백산맥과 아리랑을 집필하며 엄청난 양의 원고 속에서 먹고 자면서 썼다고 한다. 그 글감옥의 세월로 밀어 넣은 것은 바로 자신이었다.

전업 작가로서 이 세상의 모든 노동자들이 기본적으로 하고 있는 만큼의 노동은 해야 한다는 조정래 소설가의 마음가짐은 후에 엄청난 후폭풍을 몰고 올지도 모르는 두 작품을 만들어 냈다. 그래서 글 감옥에서의 가출옥이라는 재밌는 말을 만들었

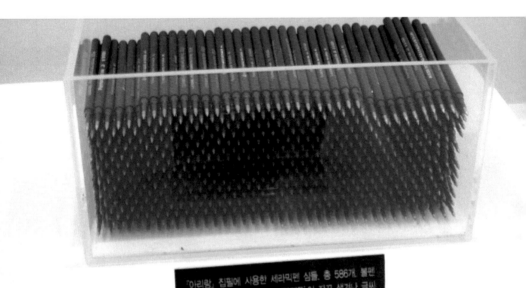

『아리랑』 집필에 사용한 세라믹펜 심들. 총 586개. 볼펜
은 좀 오래 쓰다보면 숙칭 '볼펜똥'이 자꾸 생겨나 글씨
가 지저분해지고, 만년필은 시간이 경과할수록 그 무게마
저 손아귀와 팔에 부담을 주게 된다. 그 두가지 단점을 동
시에 해결해준 것이 세라믹펜이었다. 쓰고 남은 빈 껍데
기지만 그냥 쓰레기통에 버리는 것이 영혼의 일부를 버리
는 것 같아 하나하나 모아둔 것이다.

조정래 작가의 작가 정신을 말해주는 흔적들

고, "예술가들은 고통을 느끼면서 황홀해진다. 나는 고통은 황홀에 비례한다고 믿음으로 살았어."라는 명언을 남기셨다. 나는 모든 걸 포기한 청소년들이 조정래 소설가의 마음가짐을 본받고 지금이라도 도전하였으면 좋겠다.

아리랑 문학관은 대체적으로 정리가 정말 잘되어 있었다. 1층에는 소설 아리랑의 주인공과 그 스토리들이 적혀 있는데 시간의 흐름과 이동경로를 잘 정리해놓아서 소설 『아리랑』을 읽어 보지 않은 사람도 어떤 작품인지 대충 미루어 짐작할 수 있을 것 같다. 2층에는 작가의 연보와 작품의 연보, 그리고 작가의 인생에 대한 이야기를 담은 수첩과 자료 노트들을 전시해놓아서 조정래 작가의 작품에 대한 열정을 느낄 수 있었다. 3층에는 가족사진과 사용하셨던 필기구 등 물건들이 370여 가지 등 전시하고 있었다. 여기서 제일 인상 깊었던 건 조정래 작가가 사용했던 볼펜이었다.

볼펜 하나를 쓰는데도 오랜 시간이 걸리지만, 조정래 작가는 아리랑을 집필하면서 볼펜이 586개나 사용했기 때문이다. 이렇게 아리랑 문학관에는 조정래 작가의 모든 것을 전시하고 있다.

아리랑 문학관에서는 소설을 모르는 사람이 가도 『아리랑』

이라는 소설을 이해할 수 있다. 조정래라는 소설가의 인생을 보면서 나 자신을 돌아보고 문제점을 알 수 있었다. 또한 아리랑 문학마을에는 각종 체험을 하거나 그 시절 옛 건물들이 실제로 복원되어 있어서 소설을 이해하기 좋았다.

목가적인 서정시로
저항을 노래하다
석정문학관

신석정 시인은 목가적인 서정시를 쓴 시인으로 유명하다. 목가적인 서정시란, 농촌처럼 소박하고 서정적인 분위기의 개인의 감정을 짧게 적은 시라는 뜻이다. 뭔가 나는 '목가적인 서정시'라는 말이 친근하게 느껴져 더욱 더 잘 관람했던 것 같다. 하지만 문학관에 전시한 작품을 보다 보니 목가적인 서정시만을 창작한 시인이 아니라 현실에 치열하게 참여하고자 했던 시인임을 알 수 있었다.

신석정 문학관은 그동안 보아왔던 어느 문학관과 다를 바 없었다. 하지만 여기서 나는 또 다른 느낌을 받았다. 확실히 나는 신석정이라는 시인을 모르고, 이 문학관이 많이 튈 만한 매력을 가진 것도 아니었다. 하지만 상설전시실에서 나오는 음악이 시를 읽는 데 더 집중하게 하고 마음이 편해지는 것 같았다. 그리고 신석정 시인의 시를 검색하고, 감상문을 작성할 수 있는 열람모니터가 있었는데 무척이나 마음에 들었다.

이 모니터로 시를 검색하고 거기다가 읽은 후 감상문을 적을 수 있는 그런 시스템이 너무 신기하고 특이했다. 평소대로 시만

석정문학관 전경

딱 전시되어 있었다면 나는 그냥 대충 훑고 지나갔을 것이다. 하지만 내가 시를 읽은 뒤 느낀 걸 감상문으로 적으니 뭔가 뿌듯함을 느낄 수 있었다. 이렇듯 체험을 하는 행위를 하면 더 관심을 가지고 하게 되는 것 같다. 다른 문학관보다 많이 튀지는 않지만 이런 사소한 배려를 해서 그런지 나는 신석정 문학관이 더 기억에 남았다. 다른 문학관들도 이런 시스템을 도입하면 사람들이 문학관을 이용하기에 좋을 것 같다.

신석정 문학관은 조금 딱딱한 느낌이 있었지만, 밖으로 나와 신석정 시인의 청구원과 주변 풍경을 보니 마음이 따뜻해졌다. 우선 고택의 앞마당에는 신석정 시인의 첫 번째 시집 제목인 '촛불'을 의미하는 촛불 조형물들을 설치해 놓아서 전체적인 분위기가 좋았다. 특히 고택 주변에 비석이 박혀있었는데 이 비석에는 신석정 시인의 시가 새겨져있어 지나가면서 묵독해보는 재미가 있었다. 신석정 시인은 이 고택에 '푸른 언덕 위의 정원'이라는 뜻의 청구원이라는 이름을 붙이고 시인으로서의 꿈과 청춘을 키웠다고 한다. 그래서 이 고택이 더욱 뜻깊은 것 같다.

신석정 문학관의 좋은 점은 문학관의 분위기나 배치된 열람 모니터 등등, 시를 읽는 데 집중이 잘되는 조건이 잘 갖추어

상설전시관의 모습

쌀쌀한 날씨지만 내리쬐는 햇볕이 따뜻하게 느껴지던 청구원

저 있다는 점이다. 신석정 문학관을 가니 좀 휑 한 느낌이 있었는데, 사람들이 시에 관심을 갖고 문학관을 많이 찾아줬으면 좋겠다고 생각했다. 책 읽기를 싫어하거나 어려워하는 학생들에게 신석정 문학관을 방문하는 것을 추천한다.

　내가 문학관에서 느낀 점은 시인이나 작가가 겪은 상황이나 그 작가의 심정을 재현한 시나 소설을 우리가 읽고 한 번씩이라도 떠올려 공감을 해보며 많은 관심을 가져보면 좋겠다는 것이다. 또한 여행은 누구와 함께 가느냐에 따라 여행의 기쁨이 더해지는데 이렇게 친구들과 함께 역사적인 문화유산을 돌아다니며 구경을 하고 하나하나 알아가니까 더욱 남다르고 신나게 배울 수 있었던 여행이었다.

조선 어류시인 매창을 만나다
매창공원

매창공원의 신기했던 점은 일반 공원 안에 시비와 매창 시인의 묘가 있었다는 것이었다. 우리는 매창공원을 조깅하듯 한 바퀴 돌았다. 매창공원 옆에는 초, 중학생들이 농구를 하며 체육활동을 하고 있었다.

매창공원에는 시를 새긴 많은 비석들이 있었는데, 이 비석들은 매창의 시와 그를 기리는 많은 문인들의 시가 새겨진 비석이다. 그러다가 매창공원의 가운데에 있는 매창의 묘를 봤다. 보통 묘는 산에 있다. 근데 매창공원처럼 사람들이 즐겨 이용하는 공원에 묘가 있는 건 처음 봤다. 그래서 더욱 신기했던 거 같다.

매창공원의 특이한 점은 일단 공원이다 보니 많은 사람들이 오간다는 사실이다. 이 공원을 대표하는 것들이긴 하지만 어린 친구들이나 취객들이 매창의 묘를 훼손할 수도 있는데 그러기엔 묘 주위에 안전벽이라든지 경고문이 없었다. 매창공원의 관리를 더 잘했으면 정말 보기 좋은 관람지가 될 거 같다.

매창 시인의 대표시 <이화우>

매창공원 내 매창 묘소

내소사,
그리움이 시작되는 곳

내소사에 들어가는 입구에서는 파전, 묵, 막걸리, 산채 비빔밥 등을 팔았다. 금강산도 식후경이라는데 내소사 근처에 많은 먹거리들이 있으니까 내소사를 구경하기 전에 배를 채우면 좋지 않을까 생각한다. 나도 내소사를 구경하기 전에 든든하게 밥을 먹고 들어갔다.

내소사는 입장료가 있다. 뭔가 비싼 거 같기도 하고 아닌 거 같기도 해서 애매하다. 하지만 내소사에 들어갔다 나온 뒤 든 감정은 입장료가 아깝지 않았다는 것이다.

전북 부안 변산반도 곰소항 인근에 위치한 내소사는 백제 무왕 34년에 세워진 고찰로 자연 속에 스며드는 건축미가 눈길을 사로잡는 명소이다. 이런 이유로 『나의문화유산답사기』의 저자 유홍준 교수는 한국 5대 사찰 중에 하나로 내소사를 꼽기도 했다.

매표소에서 시작되는 일주문에서 좀 들어가자 전나무 숲이 펼쳐졌다. 이곳 내소사 전나무들은 오대산 전나무 숲길, 광릉

부안 내소사 입장료 안내문

내소사 할머니 당산나무

수목원과 함께 우리나라 3대 전나무 숲길로 불린다고 한다. 전나무들은 피톤치드 향을 내뿜었고, 그 길은 500㎜나 됐다. 그래서 내소사에 들어가는 내내 마음이 설레었다. 제법 긴 거리를 걸으며 들리는 새소리, 스님의 불경 외우는 소리가 들리곤 했는데 들으니까 마음이 편안해지는 기분이었다.

그 긴 거리를 걸어가면 천왕문이 나오는데 천왕문은 다른 절과 다를 바 없었다. 천왕문을 지나니 절 안에는 많은 사람들로 북적이며 좋은 기운을 느낄 수 있었다. 능가산을 배경으로 넓게 펼쳐진 전각들이 편안함을 안겨주는데, 거기서 가장 눈에 띄었던 건 커다란 나무 한 그루였다. 바로 할머니 당산나무였다. 이곳을 들어오기 전 일주문에서도 큰 나무가 있었는데 그건 바로 할아버지 당산나무로 이곳 당내의 할머니 당산나무와 짝이라 한다.

이전에는 내소사 스님들이 당산나무에서 당산제를 지냈으나 지금은 절 아래의 입암마을 주민들이 당산제를 지낸다고 한다. 해마다, 정월 보름에는 할머니 당산나무 앞에서 내소사 스님들이 제물을 준비하고 독경을 하며 입암마을 사람들과 함께 당산제를 지냈다고 한다. 이곳 내소사 당산제는 민간인이 주도한 다른 당산제와는 달리 사찰이 주도하는 것이 특징이다.

내소사 템플스테이는 '내소사 소개, 새벽/저녁 예불참석, 스님과의 대화, 참선, 참배, 108참회, 타종체험, 반야심경사경, 트레킹, 발우공양' 등등 한국 불교의 전형적인 활동을 한다. 스님의 말씀 중에는 "무엇인가를 얻으러 오셨다면 그 마음을 비우세요. 절집에는 모든 걸 버리러 오는 겁니다."라는 말이 있는데 심적으로 힘든 일을 겪은 사람은 여기서 체험을 하며 마음을 비우면 마음이 개운해지지 않을까 싶다. 그리고 무엇을 할지 모르는 사람들은 정신수양을 하며 나 자신부터 알아가는 것이 좋겠다고 생각했기 때문이다.

내소사 템플스테이의 당일 체험은 외국인들이 가장 흥미를 가지며 체험하고 싶어 하는 사찰투어, 다도, 참선, 연꽃 만들기 등 몇 가지 체험으로 구성되어 있다. 템플스테이를 하면서 외국인들 역시 한국의 색다른 문화를 체험하며 한국인을 이해할 수도 있을 것이다. 가격은 성인, 중고생, 초등생 구분 없이 20,000원이다. 그래서 친구들끼리도 체험할 수 있고, 아이들이 있는 가정이 함께 체험한다면 좋은 추억이 될 것 같다.

하지만 절에서 숙박을 하는 템플스테이 체험은 가격이 학생 기준에서는 좀 비싼 거 같아서 친구들과 체험하기는 좀 힘들 것 같다.

다음은 우리가 간 곳은 내소사 대웅보전이다. 대웅보전이란 석가모니불을 모시고 있는 사찰의 중심 건물이다. 내소사 대웅보전이 건축적으로 가치를 얻고 있는 이유는 철못을 쓰지 않고 나무만으로 끼워 맞췄다고 한다. 이곳에 있는 문화해설사 분께서 내소사 대웅보전에 깃들어있는 전설을 말씀해주셨다. 내소사 대웅보전에는 전설이 두 가지나 있다.

첫 번째는 임진왜란 때 절이 불타서 청민 선사는 시자승인 선우 스님을 불러 법당을 지을 도편수를 모셨으니 일주문 밖에서 모셔오라고 했다. 도편수를 처음 본 선우 스님은 도편수의 행색을 보고 실망했다. 도편수는 다음 날부터 3년 동안 목재를 깎고 다듬는 일만 할 뿐 법당을 짓지 않았고, 그것을 못마땅하게 본 선우 스님은 골탕을 먹이기 위해 부재를 하나 감추었다.

3년 동안 목재만 깎던 도편수는 그제야 법당을 짓겠다며 부재를 세기 시작했다. 그런데 몇 번을 세어 봐도 부재가 하나 부족하자 도편수는 한숨을 지으며 청민 선사에게 자신은 법당을 지을 자격이 없다며 그만 돌아가겠다고 하였다. 선우 스님은 깜짝 놀라 감추었던 부재 하나를 가져와 용서를 빌었다. 도편수는 웃으며 "그것은 부정 탄 목재이니 그것을 빼고 짓겠습니다."라고 말했다고 한다. 그래서인지 대웅보전 우측 천장에는 한 칸이 비어있다고 전해진다. 실제로 사람들은 내소사 대웅보전에 가면 천정을 살피는 데 천정 한쪽의 목재가 비어 있다고 한다.

또 하나는 그림에 관한 건데 법당이 완성되고 화공을 데려와 단청(청·적·황·백·흑색의 다섯 가지 색을 기본으로 사용하여 목조 건축물에 여러 가지 무늬와 그림을 그려놓는 행위)을 부탁하는데 화공은 100일 동안은 법당 안을 들여다보면 안 된다고 당부했다.

그 말을 어기고 선우 스님은 99일째 되던 날 법당 안이 너무 궁금하여 문틈으로 안을 들여다보았다. 법당 안에는 화공은 없고 황금빛 새 한 마리가 입에 붓을 물고 단청을 하고 있었다는 것이다. 넋을 잃은 채 그 광경을 보고 있는데 갑자기 천둥 같은 호랑이 울음소리가 들리고, 황금빛 새는 붓을 떨어뜨리고 날아가 버렸다고 한다. 그래서 법당 좌우로 있어야 할 그림이 덜 그려진 상태라고 한다. 이야기 속 선우 스님은 정말 말썽쟁이인 거 같다. 저번에 역사 문화 탐방을 갔을 때는 내소사에 대해서 아무것도 모르고 갔지만, 미리 조사를 하고 간다면 이런 전설을 현장에서 확인하는 재미도 있고 더욱 알찬 여행이 될 것 같다.

　　내소사 대웅보전 정면의 꽃창살은 해바라기 꽃, 연꽃, 국화 꽃 등으로 한눈에 봐도 화려하다. 하지만 그 화려함은 은근함을 수반하고 있다. 꽃창살은 새긴 모양이 섬세하고 아름다워서 대 웅보전만큼이나 인기 있다. 저 문양을 하나하나 새겨 넣은 장인 정신이 대웅보전을 더욱 아름답게 만들어주는 것 같다.

　　가족끼리 내소사를 다녀오신 시민분께 내소사에 다녀온 후 느낀 점이나 개선되어야 할 점 등등을 물어보는 인터뷰를 진행

내소사 대웅보전

대웅보전의 유명한 문창살

대웅보전에 대해 설명해주시는 문화해설사 선생님

했다. 내소사 주변에는 먹거리가 많았고, 내소사 가는 길의 전나무숲길을 걸으면 숲 냄새가 나며 불경 외는 소리가 들렸는데 마음이 힐링되는 기분이라 좋았다. 내소사 안의 문화해설사 분이 내소사 대웅보전의 전설과 그 주위의 문화재들에 대해 같이 돌아다니며 설명을 잘 해주셔서 기억에 잘 남았다. 내소사에서는 그 전에 미리 조사를 하고 갔다면 절에 있는 문화재들을 더 많이 찾아볼 수 있었는데 못 보고 온 게 아쉬웠다.

학생들은 도전을 좋아한다. 평소 책이나 인터넷 등 실제로는 보지 못했던 전라북도의 문화재들을 실제로 찾아가 배우고 체험해보면 문화재에 더 많은 관심을 가지게 되고, 고등학생의 시점에서는 현실을 벗어나 더 큰 세계로 나가는 것이기 때문에 역사, 탐방은 학생들에게 매우 좋은 경험의 기회라고 생각한다.

탐방을 가기 전에는 매주 주말 놀던 내가 생각난다. 하지만 끈기를 가지고 쭉 활동에 참가했더니 많은 값진 경험을 하고 난 나를 만날 수 있었다. 문학관을 그냥 작품이 전시된 곳으로만 알고 있었지만, 다녀오니 그 작가의 평생이 담긴 이야기를 전시해둔 곳이라는 사실을 알게 되었다. 거기에서 작가의 말을 읽어보니 그동안의 내 생활에 대해 반성의 시간을 가질 수 있었다.

내소사를 방문한 시민과의 인터뷰

부안 역사기행을 마치며

조정래 작가님이 나이 40에도 포기하지 않고 도전하는 마음을 가지고 있었다는 것을 알게 됐기 때문이다. 이렇듯 나 자신을 좀 더 잘 알 수 있었던 여행이었다. 또, 부모님께서도 필자가 역사 문화 탐방을 다녀온 여행지에 다녀오셨는데 그 문화재에 대해 설명을 해주는 경험을 했다. 전에는 부모님이 보여주신 사진을 보며 잘 다녀왔냐며 물어봤겠지만 이렇게 설명을 하니 기분이 뿌듯했다.

내가 모르던 곳을 다니며 그곳의 매력을 샅샅이 알게 되니까 그곳들 모두 사람들에게 많이 알려진 관광지 못지않게 멋있었다. 역사 문화 탐방에 다녀온 후 나는 문화재를 대하는 마음이 달라진 것 같다.

제 6 장

남원 일원

과거로의 순례,
남원 길

　이번 탐방의 목적지는 남원이다. 남원 하면 누구나 먼저 춘향전에 대해서 떠올릴 것이다. 한국사람이라면 누구나 알고 있을 춘향전은 매우 아름다운 사랑 이야기이다. 그만큼 남원에는 춘향전과 관련된 장소나 이야기가 많다. 하지만 남원에는 춘향과 관련된 것만 있는 것은 아니다. 그 외에 아름답고 의미 깊은 우리의 문화재가 많이 있다.

　우리는 어떠한 이유로 그것들에게 관심을 가지지 못한 것일까? 우리는 이번 탐방에서 그러한 많은 문화재들을 탐방했다. 우리는 맨 처음 만복사지로 향했다. 여기에서 우리는 여기 남원에 사는 복효근 시인을 만나 만복사에 얽힌 다양한 사연과 배경 이야기를 들으며 만복사지를 구경하였다. 복효근 시인은 남원을 대표하는 시인 중 한 명으로, 현재 학교 선생님이자 시인으로 왕성하게 활동하고 계신다.

　만복사지는 고려 시대 때 존재했던 만복사라는 절의 터이다. 현재 만복사는 정유재란(1597) 때 불에 타서 없어지기는 했지만, 아직 만복사지 구석에 이처럼 한 채의 건물이 남아있긴 하

만복사지의 유래와 배경을 설명하는 복효근 시인

다. 이 안에는 보물 제43호 만복사지 여래입상이 있다. 실제 만복사지에는 현재의 쓸쓸한 모습과는 다르게 보물이 4개나 있다고 한다.

　그중 일부는 형태를 알아볼 수 있는 상태로 보존되어 있다. 이 만복사에는 이야기가 하나 있다. 간단하게 요약을 해보면 남원에 사는 양생이라는 총각이 있었다. 이 양생은 어린 나이 부모를 잃고 난 후에 만복사에 외롭게 지내고 있었다. 너무 외로웠기 때문에 양생은 부처님과 저포놀이를 했다. 다행히도 정말 똑똑했던 양생은 이 저포놀이에서 부처님을 이기고 각시를 얻었다. 그 후에 열렬히 사랑을 나누고 다시 만날 것을 기약하며 둘은 헤어졌다. 그로부터 3년 후에 양생은 그 각시를 기다리다 사랑을 나눴던 각시가 3년 전에 죽은 혼령임을 알게 되었다.
　결국 각시는 저승으로 가고 양생은 다시 혼자가 되었다. 어느 날 밤에 한 여자가 양생에게 자신은 타국에서 남자로 태어났다며 당신도 불도를 닦아 윤회를 벗어나라고 했다. 양생은 그 후 지리산으로 들어가 약초를 캐며 지냈다고 한다.
　이런 이야기가 만복사에 담겨져 있다. 이 외에도 만복사를 배경으로 한 다른 소설 작품들도 여럿이 있다고 한다. 만복사지에 가기 전에 이런 이야기나 정보들에 대해서 알아보고 방문한

황량한 느낌이 드는 만복사지터

다면 더 좋겠다는 개인적인 생각이 들었다.

　왜냐하면 솔직하게 이런 장소에 아무런 정보도 없이 온다면 무언가 기억에 남는 경험을 하기보다는 오히려 시간낭비라는 생각이 들 수도 있겠다는 느낌을 받았기 때문이다. 대부분의 방문자들이 이러한 정보들에 대해서는 알아보지 않고 방문하는 경우가 많다. 만약 만복사지에 방문을 하게 되는 방문객들은 자신이 방문하게 될 곳에 대해 더 관심을 가지고 정보를 가지고 그 장소를 간다면 훨씬 더 값진 경험을 할 수 있을 것이다.

『춘향전』의 고향, 광한루

　광한루는 춘향전의 배경이 된 장소이다. 매표소를 통해 들어갔을 때 입구 부근에서 학생들이 관광객들에게 가마 체험을 시켜 주고 있어 신선한 느낌이 들었다. 예전에는 방문객들에게 사진을 찍어주는 봉사를 했다고 하던데 이번에는 가마 체험이라니. 이 글을 읽는 여러분이 광한루에 들린다면 한 번씩 경험해본다면 좋을 것 같다.

　남원 사는 복효근 시인이 알려준 팁 하나. 출입구를 지나 안쪽으로 들어간 후에 두 갈래로 길이 나뉘는 부분에서 오른쪽으로 가면 큰 나무가 하나 나온다. 이 나무는 정말 특이했다. 나무줄기가 크게 나뉘는 부분 그사이에 아주 작은 나무가 새로 나오고 있었다. 나무 위에 다시 나무라니, 설명을 들으면서도 몹시 신기했다. 다음 페이지 사진을 보면 알 수 있다. 항상 느끼는 사실이지만 대자연은 우리가 상상할 수 없을 만큼 신비하다.

　이어 우리는 춘향사당으로 향했다. 이곳에는 춘향이를 그려 놓은 그림이 있었다. 춘향을 그린 김은호 화백의 친일행적이 아

광한루의 명물, 나무 위에서 자라는 또 다른 나무

나라면 더 좋았을 텐데 아쉬웠다. 춘향이는 알다시피 소설속의 주인공인데 실제 인물을 그려 놓은 것처럼 섬세하게 표현되어 있었다. 이런 부분에서 남원 사람들이 춘향이를 실제 사람을 대하듯 하는 것이 춘향이를 단지 소설 속의 주인공으로 생각하는 게 아니라 특별한 존재로 인식하고 있다는 것을 알게 해주었다.

이 춘향사당에서 축원을 하면 백년가약이 이루어진다는 말이 있어서 참배객이 늘고 있다고 한다. 사당의 입구 위에는 『별주부전』을 상징하는 토끼와 자라의 모형이 있었다. 광한루에는 연못이 있는데 이 연못 위에는 신선이 사는 삼신산을 상징하는 작은 섬들이 있다. 왼쪽 섬은 영주산, 가운데 섬은 봉래산 그리고 오른쪽 섬은 방장산을 뜻한다. 방장산 옆에는 오작교가 있다.

　오작교는 이 도령과 춘향, 견우와 직녀의 사랑처럼 젊은이들의 사랑이 이루어지는 곳을 의미한다. 이 오작교에 담겨있는 재미있는 이야기가 하나 있다. 7월쯤이 되면 까마귀와 까치가 털갈이하면 머리가 벗겨진다고 한다. 이 이유는 견우와 직녀가 까마귀와 까치로 만들어진 오작교를 밟으며 건너서 까마귀와 까치의 머리가 벗겨지는 것이라는 속설이 있다. 남원에는 광한루 외에도『춘향전』과 관련이 깊은 장소들이 많다.

　대표적으로 '오리정'이라는 곳이 있다. 이곳은 춘향이 고개 너머에 있는데『춘향전』에서는 춘향이 한양으로 떠나는 이 도령을 쫓아 이곳까지 달려갔다고 나와 있다. 여기 외에도 춘향이 떠나는 이 도령을 쫓아가던 중에 벗겨진 버선이 밭이 됐다고 하는 버선밭, 이 도령이 떠난 후 자리에 앉아 펑펑 울어서 생긴 눈물이 물가를 만들었다고 하는 춘향이 눈물방죽 등등이 있다.

　또한, 이곳 광한루에는 매년 춘향제가 열리는데 춘향제에선 전통문화와 관련된 여러 가지 공연·전시예술, 놀이·체험 행사 등

광한루 오작교

광한루

이 열린다. 전통문화 행사로는 춘향국악대전, 춘향선발대회, 민속씨름대회 등이 있고, 공연·전시예술 행사에서는 개막식 공연부터 명인명창 국악 대향연, 판소리, 해외초청공연까지 다양하게 열린다.

　춘향제 기간 중에 놀이·체험 행사에서는 춘향사랑 가족힐링걷기, 농경문화체험 등이 이루어진다. 광한루에 가보고 싶다면 이 기간을 통해서 광한루를 방문하는 것도 좋은 방법 중 하나인 것 같다. 춘향제는 매년 음력 4월 8일부터 3~4일간 진행된다. 남원을 찾는 관광객이라면 광한루에서 춘향과 몽룡의 사랑도 느끼고, 뜨끈한 추어탕도 먹으면서 지리산의 기운을 느껴보면 어떨까 싶다.

남원 사매마을,
『혼불』의 배경

　　서도역을 거쳐 들린 남원 사매마을은 최명희의 대표적인 소설작품 『혼불』의 배경이 되는 곳이다. 처음 이곳에 가기 전 바로 옆쪽에 위치한 혼불문학관에 다녀갔다. 이곳은 예상 밖으로 규모가 컸고 문학관 내부에는 실제 작가 최명희가 사용하던 집필도구들, 그리고 소설 『혼불』의 줄거리를 표현한 디오라마들이 전시되어 있었다. 솔직히 『혼불』을 읽지 않고서는 이곳을 관심 가지고 볼 수 없겠다는 느낌을 받았다. 무엇보다 호수를 끼고 있는 혼불 문학관의 평화로운 느낌을 주는 주변 환경이 정말 마음에 들었다.

　　그 후에 우리는 사매마을로 향했다. 사매마을을 둘러보며 우리는 최종 목적지가 될 종가로 올라갔다. 올라가는 길이 생각보다 경사져서 힘들기도 했다. 우리가 향했던 종가는 『혼불』의 중심 무대이면서 청암 부인, 율촌댁, 효원과 강모가 거주하던 곳으로 나온다. 종가는 청암부인의 기상이 서려 있는 곳이다.
　　옆 사진은 아쉽게도 문이 닫혀 있었지만 문틈 사이로 찍을

문틈 사이로 찍을 수 있었던 종가의 내부

남원 혼불문학관에서

혼불문학관

수 있었던 종가의 내부이다. 비록 『혼불』을 읽지는 않았지만 그 기운을 조금이나마 느낄 수 있었다.

남원을 다녀와서 몇 가지 아쉬웠던 점이 있다. 첫 번째로 만복사지는 사람들에게 잘 알려져 있지 않을뿐더러 남원에 오게 되면 광한루나 가고 말지라는 생각 때문에 소외되어있는 문화재라는 점이 조금 아쉬웠다. 더욱 관심을 가지고 보면 이곳에 담겨있는 홍미로운 정보들을 알 수 있을 것 같다. 그래서 이곳이 사람들에게 잘 알려질 수 있도록 AR과 VR기술을 이용한 홍보와 함께 스토리를 적극적으로 활용한 체험 프로그램을 개발한다면 좋을 것 같다.

두 번째로 광한루는 일단 사람들에게 잘 알려져 있어서 그런 부분에서는 아쉬운 점이 없다. 하지만 공간이 넓기 때문에 이곳을 돌아다닐 때 코스별로 구분 지어 스토리텔링을 가미하여 더 편하게 둘러볼 수 있게 되면 좋겠다. 마지막으로 우리가 찾았던 혼불 문학관과 사매마을이 있다. 이곳은 우리가 이곳을 갔을 때가 주말인데도 사람들이 방문하는 빈도가 낮은 것 같았다. 『혼불』이라는 소설은 우리에게 많이 알려진 작품이다. 하지만 정작 『혼불』의 주 무대가 되는 사매마을, 그리고 이 혼불에 대해서 가장 잘 알 수 있는 혼불문학관은 사람들에게 잘 알려져 있지 않다는 점이 정말 아쉬웠다. 물론 『혼불』을 읽지 않은 사람이라면 당연히 관심을 가질 수 없겠지만 이러한 점들을 같이 보완하여 사람들이 더 관심과 흥미를 가지고 찾아올 수 있게 하면 좋겠다.

그럼 이번엔 좋았던 점을 말해보자. 일단 여행의 코스부터 체험프로그램까지 모든 것들이 좋았다. 만복사지는 처음 만복사지에 도착했을 때 이곳이 어떤 역사적인 성격을 띠고 있는지에 대해 알기가 쉽지 않았다. 그런 것들에 대해서는 알기가 정말 어려웠다. 하지만 장소에 대한 설명을 듣고 남아있는 유물들을 보다 보니 한결 더 알아가는 느낌이 들었고 흥미로웠다. 광한루는 춘향전의 배경인 곳이 관광지로 개발이 되어 있다는 것이 흥미로웠고 평소 우리가 교과서에서 접할 수 있는 『춘향전』이라는 작품의 배경이 되는 장소에 직접 방문해서 더 깊게 알 수 있어서 좋았다.

남원 역사문화탐방에서 마지막으로 찾았던 사매마을과 혼불문학관에서의 느낌은 편암함과 푸근함이었다 주변 풍경이 그냥 날 그렇게 만들어 주었다 혼불문학관에서는 소설『혼불』의 줄거리가 많은 디오라마들을 통해서 전시되어있는데 보는 재미가 쏠쏠했다. 그리고 혼불문학관에서 내려오는 길에 혼불문화예술체험관(www.honbultour.com)에서 한지 공예체험을 하였다. 시간이 1시간 정도였지만 한지로 등을 만들다 보니 시간 가는 줄 모르게 집중을 할 수 있었다. 비용은 1인당 2만 원 정도였다. 만드는 과정이 복잡하지 않고 한지를 붙이는 작업도 단순해서 남녀노소 모두 흥미롭게 즐길 수 있는 체험이다. 또한 여러 가지 색의 한지를 가지고 꾸밀 수 있기 때문에 자신의 개성을 표출할 수 있고, 취향대로 색을 조합할 수도 있다. 그런 점에서 한지등 만들기 체험을 추천하고 싶다.

대부분의 사람들에게 남원 하면 떠오르는 생각이 『춘향전』일 것이다. 이번 탐방을 통해서 남원이 『춘향전』과 같은 소설뿐만 아니라 다른 보고 느낄 것들이 많이 존재한다는 사실을 알게 되어서 뜻깊은 시간이었다. 물론 광한루는 『춘향전』과 아주 깊은 관련이 있지만 만복사지와 혼불문학관, 사매마을 같은 경우에는 모두 새로 알게 된 것들이다. 특히 만복사지는 재미있는 이야기를 품고 있는 장소였기 때문에 더 관심을 가지게 되었고 흥미롭게 즐길 수 있었다.

만약, 남원으로 여행을 가게 되는 우리 또래의 아이들에게 전할 말이 있다면 여행은 그저 보고 즉흥적으로 즐길 수도 있겠지만 사전에 방문할 곳의 정보를 미리 알아보면 좋겠다. 평소보다 훨씬 더 남원에서의 여행을 의미 있는 경험으로 남기게 될 수 있을 것이라는 말을 전하고 싶다.

나는 정보에 대해서 미리 알아보거나 하지는 않았지만 나름대로 특별한 여행이었다는 말을 하고 싶다. 왜냐하면 이번 여행을 통해서 다음 여행은 어떻게 준비해서 더 뜻깊은 여행을 할 수 있는지에 대해 생각할 수 있는 능력을 갖게 되었다고 생각하기 때문이다.

우리가 평소 알지 못했던 문화재들을 새로이 알게 됨과 동시에 배우며 직접 체험을 해가는 것이 세상을 넓게 보는 힘을 키우게 해주는 좋은 경험이었다. 평소에 우리가 교과서로 접해볼 수 있었던 소설 작품들의 주 무대가 되는 곳들을 직접 가보는 일은 우리 같은 청소년들에게는 어떠한 교육방식보다 큰 의미가 있다. 또한, 이러한 경험들을 통해서 전라북도의 역사와 문화재에 대해서 더 관심을 가질 수 있게 해주는 기회를 가질 수 있어 좋았다.

가기 전에는 막연하게 머릿속으로만 알고 지냈던 장소들이었기 때문에 큰 흥미나 관심을 가질 수 없었다. 하지만, 이번 탐방을 통해서 책 속의 장소들을 오감을 통해 직접 느끼고 보았기 때문에 탐방을 하기 전보다 더 기억에 남았고 우리나라의 문화재의 아름다움과 역사적 가치에 대해 더 잘 알 수 있었다. 또한, 평소 전라북도의 문화재보다 수원 화성, 경복궁과 같은 누구나 다 알고 있는 문화재들에만 관심을 보이고 찾아다니려고 한 행동에 대해서 반성을 해볼 수 있는 계기가 됐다.

제 7 장

임실, 정읍 일원

　　이번 임실, 정읍으로 떠나는 탐방이 우리에게는 마지막 탐방이 됐다. 마지막인 만큼 더 의미 있는 탐방을 했다. 한 층 더 성장했고 좁은 세상을 넓게 볼 수 있는 능력을 갖게 된 탐방을 했다. 우리는 임실에 사는 김용택 시인과 대담을 하기 위해서 임실로 향했다.

섬진강 시인,
김용택 시인과의 대담

　나는 시인과의 대담 1주일 전쯤에야 김용택 시인과의 대담
이 잡혀 있다는 것을 알게 되었다. 솔직히 처음에 나는 김용택
시인에 대해 아무것도 모르고 있었다. 단지 유명하다는 점과 김
용택 시인의 이름이 왠지 모르게 낯설지 않았다는 점이다. 부모
님과 가족들 그리고 주변 어른분들에게 김용택 시인에 대해 물
어봤는데 내가 생각하고 있었던 것보다 훨씬 유명한 분이셔서
깜짝 놀랐다.

　어른들은 김용택 시인을 '섬진강 시인'이라고 불렀다. 누나에
게 물어봤을 때에는 고등학교 국어 교과서에서 김용택 시인의
작품이 실린 것을 본 적이 있다고 말을 해서 이때부터는 확실하
게 얼마나 유명하고 대단하신 분인지 짐작이 갔다. 당일 날 우
리 버스에 김용택 시인을 보기 위해서 시를 좋아하는 분들이
합류하셨다. 김용택 시인을 만난다는 사실에 나보다 오히려 어
른 분들이 더 설레는 모습이 신기하기도 했고 함께 하는 나도
덩달아 흥분되기도 했다. 임실에 도착해서 김용택 시인이 사는
마을에 도착하여 김용택 시인을 만나서 작업실로 갔다. 그곳에

김용택 시인과의 짧지만 강렬한 만남

서 우리는 이런저런 질문을 하고 이야기를 나눴다. 그중 나는 평소에 책을 읽을 때 잘 이해되지 않는 문장을 꼭 이해하고 넘어가야 하는지에 관한 질문을 드렸다. 김용택 시인께서 답변으로 그것에 대해 꼭 이해하고 넘어갈 필요는 없다고 하셨다. 다만, 글을 읽는 연습을 계속해서 글 읽는 실력을 키워나간다면 이전에는 이해하기 힘들었던 것들도 다 이해가 될 것이라며 자연스럽게 글을 읽는 연습을 하는 것이 중요하다고 강조하셨다.

그 이후로 나는 이 방법을 모의고사 문제를 풀 때나 책을 읽을 때 어느 정도 이용을 하고 있다. 또한 우리에게 지금은 공부를 해야 할 때라고 하시면서 여러 가지 이유에 대해서 말씀해주셨다. 그래서인지 그때 들었던 이야기가 공부가 정말 중요한 시기인 우리에게 확실한 동기부여가 되지 않았나 싶다.

나는 길어봐야 30분 정도 이야기를 나눌 것으로 예상하고 있었지만, 김용택 시인은 두 시간이 넘는 동안 우리의 질문에 대해 성심성의껏 답변을 해주셨다. 한 명 한 명에게 물어보시고 답변하시면서 미래에 대하여 정말 좋은 이야기들을 해 주셨다. 두 시간이면 결코 짧은 시간이 아니다.

두 시간이 누군가에게는 정말 길고 또 다른 누군가에게는 정말 짧게 느껴질 시간일지도 모른다. 나는 그 자리에 있던 모두에게 분명 두 시간이라는 시간이 정말 의미 있게 느껴졌을 것

김용택 시인이 아침마다 사진을 찍는다는 나무

이라고 확신한다. 김용택 시인이 '섬진강 시인'이라고 불리는 이유는 『섬진강』이라고 하는 연작시를 쓰서서 그렇다고 한다.

그런데 김용택 시인의 집 바로 앞에 섬진강이 흐르고 있었다. 이것을 영감으로 시를 쓰시지 않았나 하는 생각도 들었다. 또한, 김용택 시인의 집에서 강이 흐르는 방향을 보면 아주 큰 나무 하나가 있다. 밑에 있는 사진이 그 나무의 사진이다.

김용택 시인은 이 나무의 사진을 1년 정도 매일매일 찍어 오셨다고 하셨다. 나는 이것이 대단하다고 생각했다. 별거 아닌 것 같지만 어떤 일이든지 꾸준함을 유지하며 매일 지속하기는 정말 쉽지 않다는 것은 모두 알 것이다. 이런 부분에서 한창 꿈을 이루기 위해서 공부하고 노력하는 우리에게 포기하지 않고 꾸준히 행하는 좋은 태도를 심어 주신 것 같다. 이 대담을 통해서 나는 많은 것들을 배웠다. 이런 기회가 흔치 않다는 것을 더 잘 알기에 더 의미 있고 더 특별한 경험이었던 것 같다.

최치원의 숨겨진 이야기, 무성서원

두 번째 일정이었던 무성서원에서 우리는 문화해설사 분의 설명을 들으면서 무성서원 구석구석을 함께 둘러보았다. 이 무성서원은 신라 시대 태산현의 군수를 지냈던 최치원이 베풀었던 선정에 대한 고마움을 기념하기 위해서 처음에 '태산서원'이라는 이름으로 세워진 곳이다. 이곳은 최치원의 위폐를 모시는 것으로 잘 알려져 있다. 그리고 숙종 22년(1696)에 사액됨으로써 지금의 '무성서원'이라는 이름으로 바뀌게 된 것이다.

여기서 '사액서원'이란 간단하게 말하자면 나라의 지원을 받는 서원을 말한다. 현재 우리나라를 대표할 서원들을 모아 세계문화유산에 올리려 하고 있다. 모두 9개의 서원이 잠재목록으로 선정되어 있는데 무성서원은 그 잠재목록 9개의 서원 중에 전라북도에 있는 유일한 서원이다. 이 무성서원은 다른 서원들처럼 특별하게 뛰어난 풍경을 가지고 있지는 않지만, 위에서 말한 9개의 서원들 중에서 전라북도에 있는 유일한 서원이라고 생각하니 자부심을 가져도 좋겠다는 생각이 들었다. 다음에 나오는 사진이 무성서원의 입구에 있는 홍살문이다.

무성서원 홍살문

무성서원 강당

무성서원 현가루

주로 서원이나 향교에 설치되는 홍살문은 신성시되는 장소를 보호하는 의미가 있다고 한다. 홍살문의 붉은색은 악귀를 물리치고, 위에 나란하게 박혀있는 화살들은 나쁜 액운을 화살 또는 가운데 윗부분에 보이는 삼지창으로 공격한다는 뜻을 포함한다. 이 사진은 외삼문인 현가루이다.

서원과 같은 신성한 장소를 출입할 때에는 출입자는 오른쪽으로 들어가고 나간다고 한다. 이 현가루의 가운데 문은 평상시에 닫혀 있는데 그 이유는 가운데 문은 왕과 같은 높은 분들이 드나드는 문이라서 평소에는 열어놓지 않는다고 한다. 무성서원의 현가루만 봤을 뿐인데 우리나라의 옛날 건물양식구조가 정말 아름답다고 다시 생각하게 됐다. 현가루를 들어가기 전에 옆을 보면 비석들이 나란히 세워져 있는데 그 비석들은 무성서원의 역사를 기록하고 있다고 한다.

강당의 모습은 실제로 봤을 때 정말 웅장한 느낌이었고, 학문의 터라는 느낌이 강하게 들었다. 강당의 가운데를 통해서 무성서원의 내삼문이 보이는 것도 인상적이었다. 우리의 전라북도 정읍에 있는 무성서원이라는 소중한 문화재에 대해서 알게 된 것에 정말 의미가 있었던 것 같고 만약 이 무성서원이 세계문화유산으로 등록이 된다면 이곳을 방문했던 경험이 더 의미 있게 추억될 것 같다.

　무성서원의 아쉬운 점이라 한다면 이곳이 위치상으로 사람들이 쉽게 알아보고 찾아올 수 있는 장소는 아니라는 점이다. 결론적으로 약간 분위기 자체가 관광객들에게 소외된 장소인 것 같았고 이곳에 찾아온다고 해도 해설을 해주는 분이 없다면 무성서원에 있는 각 건물이 어떤 건물이고, 무엇을 하는 공간이었는지 알기가 힘들 것 같았다. 따라서 이곳에 대한 정확한 소개와 각 건물에 대한 세부적인 설명들을 볼 수 있게 되면 좋지 않을까 싶다. 이런 점들이 아쉬웠고, 좋았던 점은 건물들이 외관상으로 정말 아름다운 모습을 하고 있어서 구경하는 동안 지루하지 않았다.

　다음으로 찾은 곳은 정읍의 동학농민기념관이다.

동학농민의 염원을 담은
정읍 동학농민혁명기념관

동학농민운동은 농민층이 중심이 된 신분차별을 비롯한 전근대적 질서를 바꾸려 했던 개혁운동이었다. 일본을 비롯한 외세의 침략에 무장투쟁으로 일어선 민족 운동이었다. 이곳에 도착했을 때 우리를 위한 문화해설사 분이 준비하고 계셨고, 동학농민혁명의 전개과정을 비롯하여 중심인물에 대해서도 자세하게 설명해주셨다.

우리가 동학농민운동을 떠올리면, 대부분 전봉준 장군을 생각하는데 그 이외에도 동학농민운동에 힘쓰신 분들이 많이 있다는 것이다. 전봉준 장군 이외의 다른 분들에 대해서 질문을 했을 때는 대부분이 자세하게 알고 있는 경우가 거의 없을 것이다. 나도 그랬다. 그래서 해설을 더 집중해서 들었던 것 같다.

다음으로 내가 처음 알게 된 사실은 동학농민운동이 실패했던 가장 큰 이유가 무기의 열세라는 사실이다. 2층에 실제 동학농민운동에 사용된 무기들의 모형들이 있다. 처음엔 왜 무기의 열세가 실패의 이유가 됐는지 몰랐지만 실제로 우리가 사용했던 무기들을 보게 되니 그 이유를 알 수 있었다. 우리나라의 무기에 비해서 일본군들은 신식무기로 무장을 하고 있었기 때문에 무기의 열세가 결정적인 원인으로 작용했겠다는 사실을 실감할 수 있었다. 전주에 있는 이곳과 이름이 비슷한 동학혁명기념관은 규모가 작지만, 이곳은 생각했던 것보다 규모가 훨씬 컸다. 반복해서 말하지만, 일반적으로 동학농민운동 하면 대부분의 사람들이 첫 번째로 전봉준 장군을 많이 생각하는데, 이곳에 꼭 와서 전봉준 장군 외에도 많은 분들이 노력하셨음을 알고 갔으면 좋겠다는 생각을 하게 됐다.

대표적으로 몇몇 분들을 말해보자면 동학의 1대 교주인 최제우, 2대 교주 최시형, 3대 교주 손병희, 4대 교주 박인호 등이 있고, 동학농민운동을 이끌었던 5대 장군 중 전봉준을 제외한 4명의 장군 손화중, 김개남, 김덕명, 최경선 등이 있다.

모두가 잘 아는 전봉준 장군에 대해서 몇 가지 말해보자. 전봉준 장군은 사람들에게 '녹두장군'이라고 불리셨다. 그 이유는 전봉준 장군의 체구가 아주 작아서 녹두라는 말이 붙은 것이라고 한다. 그리고 전봉준 장군의 생전의 얼굴을 알 수 있는 사진이 단 한 장뿐이라고 한다.

이 사실을 이곳에 와서 알게 됐는데 생각해보니 전봉준 장군의 얼굴을 표현한 그림이나 사진들을 보면 각도나 얼굴의 표

정읍 동학농민혁명기념관에서 설명을 들으며

정이 항상 똑같았다. 심지어 그 사진은 전봉준 장군이 들것에 앉아 계신 상태에서 찍힌 사진이 유일하다고 한다. 일본군에게 처형당하기 전에 찍힌 사진에서 들것에 실린 이유는 다리를 다쳐서 걷지 못하셨기 때문이라고 한다. 그 사진에 담긴 이야기를 알게 되니 가슴 한구석에서 무엇인가가 밀려오는 것 같은 느낌을 받았다. 이곳은 동학농민운동에 대해 많은 정보를 상세하게 알 수 있어서 한 번쯤 진지한 마음으로 다녀가는 것도 좋다고 생각한다.

전시 공간 중에서 가장 인상 깊었던 곳은 1층에 있었다. 그

공간은 사방이 거울 벽으로 되어 있고 천장에는 예쁜 조명들이 여러 개 달려있었다. 그것이 의미하고 있는 것을 해설사 분에게 물어보았더니 거울로 인해서 우리의 모습이 계속 늘어나 여러 명으로 보이는 공간에서 한 명 한 명의 사람들이 모여서 셀 수 없이 많은 무리를 이룬다는 의미가 있다고 한다. 나는 단지 그냥 조명을 더 예쁘게 하기 위해 거울이 붙어 있는 것인 줄 알았는데 의미를 알고 나니 평범하게만 보였던 곳이 깊은 의미가 있는 곳으로 새롭게 보였다.

역사적으로 볼 때 동학농민운동은 실패한 혁명이었다. 하지만, 현재의 평등사상과 자유민주화의 시작을 알렸을 뿐만 아니라 한국의 근대화와 민족민중운동의 근간으로 작용했다는 의미가 있다. 적어도 전라북도만이 아니라 이 땅에 사는 사람이라면 이곳을 방문하여 동학농민운동에 대해서 관심을 가지고 한 번이라도 깊게 생각해보기를 바란다.

동학농민혁명기념관에서 아쉬웠던 점은 딱히 없었던 것 같고, 좋았던 점은 일단 동학농민운동에 대해서 제대로 알고 올 수 있었다는 사실이다. 해설사분의 설명을 듣다 보면 이곳에 있는 내용 이외에도 알 수 있는 이야기들이 있고, 2층으로 올라가면 그때의 상황에 쓰였던 무기나 물품들의 모형을 전시하고 있어서 더 생동감 있게 볼 수 있다.

녹두장군,
전봉준 장군의 고택

우리는 마지막으로 동학농민운동에서 큰 활약을 하셨던 전봉준 장군의 고택을 방문하였다. 그곳은 말 그대로 전봉준 장군이 동학농민혁명을 일으켰을 당시 살았던 집이다. 갑오년 1월에 이용태라는 사람이 동학교인이라고 지목되는 사람의 집을 모두 불태워 버렸는데, 이때 전봉준 장군의 집도 불에 타버렸다고 한다. 하지만, 1974년에 정읍시에서 크게 수리를 해서 지금은 복원이 되어있는 상태이다.

이곳에 도착했을 때 처음 본 느낌은 사극 드라마나 영화를 보면 나올 것 같은 흙으로 된 담으로 둘러싸인 평범한 초가집이라는 것이었다. 하지만 후에 정보를 찾아보니 전봉준 장군의 고택은 남부지역의 민가 구조와는 다른 구조를 가진 특징을 보여준다고 한다.

전봉준 장군의 고택에서 아쉬운 점은 일단 이곳도 생각보다 외진 곳에 있어서 관광객들이 이곳을 더럽히거나 훼손하고 갈 위험이 컸다는 사실이다. 이번 일정은 여유롭게 돌아다닐 수 있

녹두장군 전봉준 고택

었기 때문에 편했고 여유를 가지고 일정을 진행한 만큼 더 집중해서 배운 것 같았다. 또한 이번엔 우리가 학교에서 배웠던 역사를 더 깊게 배운 것이었기 때문에 내용을 어렵지 않고 쉽게 이해할 수 있었다. 그리고 책으로 배우는 것과 다르게 그 장소로 직접 가서 배우는 것이기 때문에 항상 느끼는 것이지만 새로운 느낌을 받게 되고 더 적극적인 참여를 하게 된 것 같다.

임실과 정읍을 다녀오면서 가장 의미 있었던 것은 역시 김용택 시인과의 대담이다. 그 이유는 일단 첫 번째로 평소에 궁금했던 점을 해소할 수 있었기 때문이다. 개인적인 질문이 아니더라도 질문하는 것을 통해서 궁금증을 어느 정도 해소할 수 있었다. 두 번째로는 동기부여를 받았다는 점이다. 여러 번 강조하지만, 청소년인 우리에게는 공부를 제외한 많은 부분에서도 동기부여는 정말 필요하고 또 중요하다. 흔한 기회가 아니기 때문에 집중해서 들었던 행동의 보상이라고 생각한다. 이번 임실, 정읍으로 떠난 탐방이 우리의 마지막 탐방이었는데 다음에 이런 기회가 생긴다면 망설이지 않고 또다시 잡을 것이다.

우리와 비슷한 상황에서 여행을 떠나는 우리 또래에게는 해줄 이야기가 많지만 한 가지만 말하자면 매 순간순간을 의미 있는 시간으로 만들어야 한다. 의미 있게 만들 수 없다면 자신의 의도된 행동으로 의미를 부여해야 한다. 여러 번의 탐방을 통해서 느낀 점이지만 자신이 경험했던 모든 것이 기억에 남을 수 없다. 그래서 사진으로 남기든지, 글로 남기든지 짧아도 좋다. 다만 자신이 나중에 추억을 살펴봤을 때 최소한 의미 있었던 기억인 것을 인지할 수 있게 해야 한다.

지난 시간들의 탐방을 마무리하다 보니 무작정 신나거나 즐겁지만은 않다. 하지만 지난 탐방에서의 신났고 즐거웠던 경험들이 나의 미래를 보다 화려하게 꾸며줄 수 있게 되었으면 하는 생각이다.

여행을
마치며

　내 생애 처음으로 이런 체험을 해봤고, 또 더 이상 이런 경험은 해보지 못할 것 같다. 친구의 소개로 알게 된 이 역사 문화 탐방은 삶을 허무하게 보내던 내게 너무나도 좋은 경험이 되었다. 그 당시에 체험을 할 때는 너무 설렁설렁 한 것 같아도 지금 생각해보면 다 기억에 남는 활동들이었다. 공부에 전념해야 할 고등학생이 전국을 돌아다니며 문화재 탐방을 할 수 있을 기회가 많이 있나?라고 생각해보면 참 어렵게 느껴지는데 나는 이 기회를 우연히 잡았고, 주말마다 짬짬이 시간을 내어 다녀와서 지금 이렇게 책을 썼고 마무리하고 있다. 역사 문화 탐방을 막 처음 다녀왔을 때는 별생각 없었지만 이렇게 책을 쓰며 나로서는 최선을 다하다 보니 책임감도 느껴지고 책까지 쓰고 있는 나 자신이 뿌듯해진다. 역사 문화 탐방을 계획하시고 우리를 위해 많은 조사와 노력을 해주신 장창영 교수님과 임희종 교감 선생님 감사했습니다!

손병관

먼저 고등학생 때 주말마다 다른 지역으로 여행을 간다는 것이, 다른 지역에 여행뿐만 아니라 맛있는 음식과 체험을 한다는 것이 굉장한 일인데 이 굉장한 일을 할 수 있게 해주신 임희종 교감 선생님과 장창영 교수님 너무 감사합니다. 처음에는 여행을 가는 게 너무 좋아서 가볍게 시작했었는데 여행을 다니며 눈이 넓어지다 보니 문제점이 보였고 이것을 책에 쓰면 좋겠다고 하시니 글 내용이 조금은 무거워진 것 같습니다. 하지만 지금은 후련하고 뿌듯합니다. 작년 여름부터 지금까지 너무나도 감사했습니다. 지금까지 역사 문화 탐방을 다니며 좋은 추억이 너무 많아서 제가 대학생이 되거나 어른이 되면 이런 체험활동을 많이 만들고 싶다는 생각이 들고 있습니다. 어쩌면 몇 년 후에 나와 같은 생각을 하는 아이들이 있다면 그게 성공한 인생이 될 것 같아서 노력해보려고요. 끝으로 다시 한 번 감사했습니다.

유태훈

군산편에서도 말했듯이 나는 원래 가족과 함께하는 여행에도 참여하지 않을 정도로 여행에 전혀 흥미를 느끼지 않고 게임이나 인도어 스포츠에 관심이 많은 학생이었다. 그러나 이번 역사 탐방을 통해 여행이라는 것에 흥미를 가지면서 삶의 가치관이 변했다. 이렇게 여행은 내가 보기에는 정신 건강에 좋은 만

병통치약 같기도 하다. 많은 사람들에게 '여행'이라는 것은 어떤 사람들에겐 무겁게 느껴지거나 어떤 사람에게는 가볍고 활기차게 느껴질 수도 있다. 그러나 우리는 이러한 '여행'이라는 것을 어떻게 느끼기 전에 왜 여행을 가고 싶은지, 또는 여행을 해서 무엇을 얻고 싶은지에 대해 먼저 짚고 갈 필요가 있다.

이경민

아직도 여행이라는 단어만 들으면 가슴이 설렌다. 고1 젊은 청춘들과 함께한 시간이어서 더욱 그렇다. 이번 탐방에 참가한 학생들은 살아가면서 더 많은 여행을 하고 사람들을 만날 것이다. 같은 곳을 다녀온다 하더라도 어떤 이는 실망을 하기도 하고 누군가는 평생 잊지 못할 추억을 만들기도 한다. 그게 여행이 주는 묘미이다. 처음 생각하고 기획했던 것만큼 전북 지역의 곳곳을 누비기는 힘들었다. 사전에 답사는 다녀왔지만 가보지 못한 곳이며, 우리의 발길이 닿지 않는 곳도 적지 않다. 우리는 탐방을 떠날 때마다 즐겁고 유쾌한 시간을 보내려고 노력했다. 가을부터 겨울까지 쉽지 않은 여정 동안 끝까지 믿고 따라와 준 젊은 친구들에게 고마움을 표한다. 우리가 스쳤던 순간과 지금 만나는 시간들이 인생에서 빛나는 추억으로 반짝이기를 기대한다.

장창영

편안한 마음으로 시작했던 탐방이 마무리되었다. 일단 개인적인 소감은 정말 즐거웠고 결코 후회하지 않을 좋은 경험이자 추억이었다. 여행은 쉬고 논다는 것으로 간단하게 의미를 내릴 수 있다. 하지만 이번에 우리가 걸어온 여행은 단순한 여행이 아닌 우리 전북의 문화재를 아끼고 큰 관심을 가지자는 중요한 의미를 바탕에 둔 여행이었기 때문에 힘들었던 만큼 그 이상으로 많은 것들을 얻고 배웠다. 탐방을 하는 동안 힘들고 지루했던 부분도 많았지만 지금 생각해보니 아쉬운 기억들뿐이다. 하지만 아쉬움이 남는 만큼 잘해온 것이라는 말처럼 나 자신에게 위로와 함께 칭찬을 해주고 싶다. 우리가 쓴 책은 우리가 고생하고 경험하고 애썼던 만큼의 결과가 나올 것이라고 생각한다. 고등학생이 책을 쓴다는 것이 흔한 경험이 아니기 때문에 모든 부분에 열심히 임했다. 여행을 마치는 나의 기분은 여행을 시작할 때의 기분과 같다. 설레고 긴장된다. 항상 내 앞으로의 일에 대해 설렘을 느낄 수 있고 긴장할 수 있는 사람이 되어야겠다.

채승윤

기행
일정표

		지역	주요 프로그램	체험 형태	주제	비고
1차, 2차		전주 신흥 고	역사문화 탐방의 의미 지역 문화콘텐츠의 활용 사례와 실제	강의 및 토론	지역 문화 콘텐츠의 의의와 가치	
1 권 역	3 차	전주 한옥 마을	- 경기전 - 전동성당 - 한옥마을 - 완판본 문화관 - 최명희 문학관 - 동학혁명기념관 - 전주 향교	- 경기전 견학 - 전동성당 견학 - 최명희 문학관 견학 - 먹거리 체험 - 글씨 서각 체험 - 칠보공예 체험 - 인터뷰	한옥마을의 문화콘텐츠 가능성 모색과 방향 설정	도 보
	4 차	삼례, 익산 지역	- 삼례문화예술촌 - 익산 왕궁리 유적 - 익산 미륵사지	- 가죽 다이어리 체험 - 수막새 체험 - 왕궁리 박물관	기록문화의 힘 백제 문화권의 상징적 의미	버 스 도 보
	5 차	군산 일원	- 전북 군산 임피 역사 - 발산리 유적지 - 이영춘 가옥 - 채만식문학관 - 경암동 철길마을 - 근대역사박물관 - 일본절 동국사 - 신흥동 일본식 가옥 - 초원사진관	- 임피 역사, 발산리 유적, 이영춘 가옥 견학 - 채만식문학관 견학 - 추억의 먹거리 체험 - 경암동 철길 투어 - 동국사 음악회 감상 - 신흥동 일본식 가옥 투어	일제 강점기 조선의 현실 근대문화 유산의 현대적 해석 현대 문화 콘텐츠 활용 방안	버 스 도 보

2 권 역	6 차	고창 일원	- 미당 생가 - 미당 시문학관 - 선운사 - 고창 읍성 - 동리 신재효 고택	- 미당 생가 견학 - 미당 시문학관 견학 - 선운사 경내 견학 - 읍성 탐방 - 고택 탐방	민족시인과 친일문학의 거리 오늘날 판소리 의 의미	버 스 도 보
	7 차	김제, 부안 일원	- 김제 아리랑 문학마을 - 아리랑 문학관 - 석정 문학관 - 청구원(신석정 고택) - 매창공원 - 내소사 대웅보전 - 모항 해변 - 곰소 젓갈시장	- 아리랑 문학마을 - 아리랑 문학관 - 석정문학관 - 청구원 - 매창공원 - 내소사 - 젓갈시장 견학	취재의 가치와 소설의 의미 시인의 역할과 시대 정신 자연 친화 정신과 설화의 세계	버 스 도 보
3 권 역	8 차	남원 일원	- 만복사저포기 배경지 (김시습, 금오신화) - 남원 광한루(춘향전) - 남원 사매마을 - 혼불문학관 - 교육문화체험관	- 광한루 견학 - 시인(복효근)과 대담 - 사매마을 견학 - 한지등 만들기 - 작가의 창작열과 작품세계	문학의 창작 배경지 현장 답사 소설 창작과 작가 정신	버 스 도 보
	9 차	임실, 정읍 일원	- 임실 김용택 문학관 - 정읍 황토현 유적지 - 정읍 동학농민혁명 기념관 - 전봉준 고택	- 동학농민혁명 기념관 - 시인(김용택)과 대담	동학농민혁명 기념관 견학 작가의 작품세계 이해	버 스 도 보